全国技工院校计算机类专业教材（中／高级技能层级）

C语言

（第三版）

主　编　石德芬

副主编　董　伟　王　蕾

主　审　刘翠改　熊图南

中国劳动社会保障出版社

简介

本书主要内容包括 C 程序和开发软件的认识，算法和基本数据类型的认识，基本运算符的使用，顺序结构、条件和分支结构、循环结构程序的设计，数组、函数、指针、结构体、宏和预处理语句的使用，文件的操作，嵌套语句和递归函数的使用，排序算法的设计等。

本书由石德芬任主编，董伟、王蕾任副主编；唐龙、卢芳葳、李维勇、李彦婷、张秋岩、周春华、陈锐、吴兆波、迟欣、王雁、杨宇荆参与编写；刘翠改、熊图南任主审。

图书在版编目（CIP）数据

C 语言 / 石德芬主编. --3 版. -- 北京：中国劳动社会保障出版社，2024. --（全国技工院校计算机类专业教材）. -- ISBN 978-7-5167-6503-6

Ⅰ. TP312

中国国家版本馆 CIP 数据核字第 202472Y589 号

中国劳动社会保障出版社出版发行

（北京市惠新东街 1 号　邮政编码：100029）

*

保定市中画美凯印刷有限公司印刷装订　　　新华书店经销

787 毫米 × 1092 毫米　16 开本　17.5 印张　343 千字
2024 年 10 月第 3 版　　2024 年 10 月第 1 次印刷

定价：**44.00** 元

营销中心电话：400-606-6496

出版社网址：http://www.class.com.cn

http://jg.class.com.cn

前　言

　　为了更好地满足全国技工院校计算机类专业的教学要求，适应计算机行业的发展现状，全面提升教学质量，我们组织全国有关学校的一线教师和行业、企业专家，在充分调研企业用人需求和学校教学情况、吸收借鉴各地技工院校教学改革的成功经验的基础上，根据人力资源社会保障部颁布的《全国技工院校专业目录》及相关教学文件，对全国技工院校计算机类专业教材进行了修订和新编。

　　本次修订（新编）的教材涉及计算机类专业通用基础模块及办公软件、多媒体应用软件、辅助设计软件、计算机应用维修、网络应用、程序设计、操作指导等多个专业模块。

　　本次修订（新编）工作的重点主要有以下几个方面。

突出技工教育特色

　　坚持以能力为本位，突出技工教育特色。根据计算机类专业毕业生就业岗位的实际需要和行业发展趋势，合理确定学生应具备的能力和知识结构，对教材内容及其深度、难度进行了调整。同时，进一步突出实际应用能力的培养，以满足社会对技能型人才的需求。

　　针对计算机软、硬件更新迅速的特点，在教学内容选取上，既注重体现新软件、新知识，又兼顾技工院校教学实际条件。在教学内容组织上，不仅局限于某一计算机软件版本或硬件产品的具体功能，而是更注重学生应用能力的拓展，使学生能够触类旁通，提升综合能力，为后续专业课程的学习和未来工作中解决实际问题打下良好的基础。

创新教材内容形式

在编写模式上，根据技工院校学生认知规律，以完成具体工作任务为主线组织教材内容，将理论知识的讲解与工作任务载体有机结合，激发学生的学习兴趣，提高学生的实践能力。

在表现形式上，通过丰富的操作步骤图片和软件截图详尽地指导学生了解软件功能并完成工作任务，使教材内容更加直观、形象。结合计算机类专业教材的特点，多数教材采用四色印刷，图文并茂，增强了教材内容的表现效果，提高了教材的可读性。

本次修订（新编）工作还针对大部分教材创新开发了配套的实训题集，在教材所学内容基础上提供了丰富的实训练习题目和素材，供学生巩固练习使用，既节省了教材篇幅，又能帮助学生进一步提高所学知识与技能的实际应用能力。

提供丰富教学资源

在教学服务方面，为方便教师教学和学生学习，配套提供了制作素材、电子课件、教案示例等教学资源，可通过技工教育网（http://jg.class.com.cn）下载使用。除此之外，在部分教材中还借助二维码技术，针对教材中的重点、难点内容，开发制作了操作演示微视频，可使用移动设备扫描书中二维码在线观看。

致谢

本次修订（新编）工作得到了河北、山西、黑龙江、江苏、山东、河南、湖北、湖南、广东、重庆等省（直辖市）人力资源社会保障厅（局）及有关学校的大力支持，在此我们表示诚挚的谢意。

编者

2023 年 4 月

目 录

CONTENTS

项目一
认识 C 语言

随着技术的发展，网络已普遍应用于办公学习、生活娱乐、旅游交通、生产制造、科技创新、医学会诊、远程监控、军事指挥等领域。时代的高速发展让网络成为如今人们在工作、学习中获取信息的首选途径。无论是使用计算机上网，还是使用手机、平板电脑、电视或更先进的硬件设备上网，这些硬件设备使用的软件程序都是用计算机语言编写的，其中有不少就是以 C 语言为基础编写的。例如，大家所熟悉的 Windows 操作系统、发展迅速的车联网、功能强大的 Photoshop 绘图软件、老少皆宜的许多游戏都是以 C 语言为基础而设计开发的。C 语言是当今应用最广泛的高级程序语言之一。

任务 1　判断成绩等级——C 语言和 C 程序的认识

学习目标

1. 了解 C 语言的发展历程。
2. 了解 C 语言的特点及应用。
3. 认识 C 程序的基本形式。

计算机和手机本身不会唱歌、跳舞、做游戏，也不会画图、计算、做工具，人们为了解决某种问题，需要利用计算机可以识别的代码，将一系列的工作步骤编制成指示计算机每一步动作的指令，让计算机严格按照这些指令去做。这些计算机能识别和执行的指令就是计算机程序。

计算机程序通常是用某种程序设计语言编写的，它运行于某种目标体系结构之上。人们可以通过程序设计语言来和计算机沟通，用编写规范的程序来解决一些复杂的问题，如进行数学计算、绘制图形、编辑视频、输出影像、制作音乐、进行网络操作等。C 语言就是一种用于解决这些问题的程序设计语言。

本任务具体要求是通过观察应用 C 语言编写的"成绩等级评定"程序，查看程序运行的结果，初步建立应用 C 语言解决实际问题的意识和思维方法，并从外在层面认识 C 语言的组成元素和程序结构。

一、计算机程序设计语言

计算机程序设计语言是伴随计算机系统的发展而不断发展进步的。众所周知，一个完整的计算机系统包括硬件和软件两大部分。一台只有硬件的计算机并不完整，还只是通电时指示灯会亮、风扇会转的"裸机"。只有安装了相应的软件，才能使"裸机"根据软件的指令执行运算和处理，发挥计算机应有的功能，构成完整的计算机系统。所有的软件或指令都是用计算机程序设计语言编写的。计算机程序设计语言的发展经历了从机器语言、汇编语言到高级语言的发展历程。

1. 机器语言

早期的计算机通过类似电子开关的闭合功能来实现对 0 和 1 的识别，所以最早出现的计算机程序设计语言是二进制代码组成的机器指令，即计算机能够直接识别的语言，称为机器语言。

二进制涉及进制知识。进位计数制是一种计数方式，通过这种方式，我们可以用有限的数字符号和有序的排列代表所有的数值。逢十进一为十进制，逢八进一为八进制，逢十六进一为十六进制，逢二进一的就是二进制。人们日常生活中最常用的是十进制，通常使用 10 个阿拉伯数字 0、1、2、3、4、5、6、7、8、9 进行计数。

在十六进制中，除了 0 ~ 9，还使用 A、B、C、D、E、F 这 6 个字符表示十进制中的 10、11、12、13、14、15。各进制数的对照见表 1-1-1。

表 1-1-1　各进制数的对照表

十进制	二进制	八进制	十六进制	十进制	二进制	八进制	十六进制
0	0	0	0	9	1001	11	9
1	1	1	1	10	1010	12	A
2	10	2	2	11	1011	13	B
3	11	3	3	12	1100	14	C
4	100	4	4	13	1101	15	D
5	101	5	5	14	1110	16	E
6	110	6	6	15	1111	17	F
7	111	7	7	16	10000	20	10
8	1000	10	8	17	10001	21	11

2. 汇编语言

随着技术的进步，计算机的处理能力越来越强大。为了解决机器语言难以书写、理解和记忆的缺点，人们采用自然语言中的一些符号代替机器语言，从而形成了汇编语言。

汇编语言也是面向机器的语言。汇编语言编译成二进制代码的机器语言，就能直接被机器执行。汇编语言既容易被理解和记忆，又保持了机器语言执行速度快、内存占用少等优点，为人与计算机的沟通搭建了一座很好的桥梁。应注意的是，不同设备的汇编语言对应不同的机器语言指令集，因此，汇编语言编写的程序不可从一种计算机环境直接移植到另一种计算机环境。

3. 高级语言

为了解决机器语言或汇编语言限机型、费工时、通用性差的问题，适应计算机的发展，人们需要一种表达方式接近被描述问题的自然语言，并且独立于计算机机型的语言，于是便出现了高级语言，C 语言就属于高级语言。

二、C 语言

C 语言属于面向过程的程序设计语言，是目前应用最为广泛的计算机高级语言之一。

1. C 语言的发展历程

C 语言源于 20 世纪 70 年代美国电话电报公司贝尔实验室，它的雏形是 ALGOL 60 语言（ALGOrithmic language 60），也称 A 语言。之后，贝尔实验室的肯·汤普森（Ken Thompson）以 BCPL 语言为基础，做了进一步简化，形成了 B 语言，并编写了第一个 UNIX 操作系统。为克服 B 语言过于简单、存在数据无类型等缺点，丹尼斯·M. 里奇（Dennis M. Ritchie）设计出了最初的 C 语言。

最初的 C 语言只是为了描述和实现 UNIX 操作系统而设计的，后来，经过不断的修改和完善，1977 年，丹尼斯·M. 里奇发表了不依赖于具体机器系统的 C 语言编译文本——"可移植的 C 语言编译程序"。第二年，布莱恩·W. 克尼汉（Brian W. Kernighan）和丹尼斯·M. 里奇合作出版了 *The C Programming Language* 一书，奠定了 C 语言的基础，有人称之为旧标准 C 语言。那时，C 语言已能够移植到大型甚至小型计算机上，并深受程序设计人员青睐，最终成为当时世界上最流行的高级语言。20 世纪 80 年代，美国国家标准化协会（American National Standards Institute，简称 ANSI）X3J11 委员会根据 C 语言问世以来各种版本对 C 语言的发展和扩充，制定了新的标准，称为 ANSI C。

随着微型计算机的普及，C 语言作为最受欢迎的高级语言，发挥了它强大的基础作用，后来的 C++、C#、Java、PHP、JavaScript、Perl 和 UNIX 的 C Shell 等都可以说是以 C 语言为基础发展而来的。

2. C 语言的特点

C 语言既有高级语言通用性强的特点，又有汇编语言可面向机器的特点。用 C 语言编写的程序不依赖计算机硬件，可以应用于各种系统。C 语言是学习其他高级语言的基础，它的影响力很大，掌握 C 语言后再学习其他程序语言，能做到触类旁通。

（1）简洁性和灵活性。

为了适应信息时代的高速发展，C 语言虽然后来有所丰富，但是基础的 C 语言仍然占据主位，它共有 32 个关键字、9 种控制语句，大多用小写字母表示，压缩了一些不必要的成分。因此 C 语言的源程序精炼，输入程序时工作量少，程序编写灵活、自由。C 语言能同时把高级语言的基本结构和语句与低级语言的实用性巧妙结合，使用一些简单的方法即可构造出相当复杂的数据类型和程序结构。

（2）丰富性。

C 语言规定了整型（int）、实型（float 和 double）、字符型（char）等基本数据类型，引入了指针类型、结构体类型、共用体类型等复合数据类型，实现各种复杂的数据类型的运算。C 语言具有强大的图形功能，支持多种显示器和驱动器。C 语言的计算功能、逻辑判断功能强大，共有 34 个运算符。运算符包含的范围很广泛，灵活使用各种运算符，可以实现其他高级语言难以实现的运算。C 语言把括号、赋值、强制类型转换等都作为运算符处理，运算类型极其丰富，表达式类型多样化。

（3）可移植性。

C 语言提供的语句中没有直接依赖于硬件的语句。与硬件有关的操作（例如数据的输入、输出）是通过调用系统提供的非 C 语言的库函数或其他实用程序来实现的。因此，C 语言编写的程序可从一种计算机环境移植到另一种计算机环境。

（4）高效性。

C 程序所生成的目标代码质量高，程序执行效率高。对于同一个问题，用 C 语言编写的程序生成代码的效率仅比用汇编语言编写的程序低 10%～20%。

（5）完全结构化、模块化。

结构化语言的显著特点是能实现代码及数据的分隔化，即程序的各个部分除了必要的信息交流外彼此独立。这种结构化方式可使程序层次清晰，便于使用、维护和调试。C 语言是以函数形式提供给用户的，这些函数可方便地调用，并利用多种循环结构、条件语句控制程序流向，将一个复杂问题划分成若干个小问题来解决，使程序完全结构化、模块化。

（6）程序设计自由度大。

C 语言语法限制不太严格，赋予程序编写者较大的自由度。

3. C 语言的应用

C 语言最典型的应用是单片机开发、各种软件开发。此外，C 语言还可以应用到很多领域。

（1）单片机开发。

单片机是一种集成电路芯片，是单片微型计算机的简称。单片机所属的嵌入式领域里，C 语言是基本通用语言。单片机早期的编程用的是汇编语言，随着对单片机性能要求的提高，使用汇编语言已很难满足程序设计需求。因此，C 语言作为能够与硬件直接交互的高级语言，被移植到单片机上。

（2）软件开发。

1）操作系统，如 UNIX、Linux、Windows 等。

2）系统软件，如主板驱动、显卡驱动、摄像头驱动等。

3）底层高性能软件，如网络程序的底层软件和网络服务器端底层软件、地图查询软件等。

4）游戏软件，如当前流行的各类电子游戏等。

目前，嵌入式设备图形用户界面（graphical user interface，GUI）是用 C 语言开发的，有的视频压缩软件也是用 C 语言开发的。

GUI 又称图形用户接口，是采用图形方式显示计算机操作的用户界面。GUI 的广泛应用是当今计算机发展的重大成就之一。此界面使用图标、菜单和其他可视指示器（图形）来显示信息和相关的用户控件，在 Windows 操作系统和许多软件应用程序中已很常见。GUI 还可以使用专门设计和标记的图像、图片、形状和颜色组合，在计算机屏幕上描绘与要执行的操作或者由用户直观识别的对象。如今，每个操作系统都有自己的 GUI。

三、C 程序范例

下面是一个简单的 C 程序，观察程序的呈现形式和结构，阅读每条语句和后面的注释，试着理解其含义。

C 语言编写源程序如下。

```
#include<stdio.h>              /* "标准输入、输出"头文件 */
#include<conio.h>              /* 调用函数的头文件（包含 _getch()）*/
int main()                     /* 主函数，程序从 main() 开始执行 */
{
    printf("奋斗让生活更美好！");
    _getch();                  /* 不回显函数，用于控制显示效果，可忽略 */
}
```

以上代码是用 C 语言编写的程序，称为 C 语言源程序，简称 C 程序。这个简单的 C 程序的功能是在屏幕上显示文字"奋斗让生活更美好！"。程序运行结果如图 1-1-1 所示。

图 1-1-1　程序运行结果

简单的 C 程序通常是由主函数 main( ) 和函数体 {…} 两部分组成的。其中，主函数 main( ) 是每一个主程序必须要有的开始部分；函数体 {…} 是程序要执行的部分，它由多条语句（或多个函数）构成，每条语句（或每个函数）必须用分号";"隔开。

在符号"/*"和"*/"之间的内容是程序的注释，可用汉语或英语注释。注释是为了便于读懂程序而写的，对源程序的编译及运行没有任何影响。注释可以放在源程序的任何位置。建议编写程序时多加注释，以便增加程序的可读性。

简单的 C 程序结构如下。

```
main()              /* 主函数，程序从 main() 开始执行 */
{                   /* "{" 与下面的 "}" 之间是函数体，用于实现程序预定功能 */
    语句 1；
    语句 2；
    …
    语句 n；
}                   /* 程序结束 */
```

四、C 程序的书写风格

上机输入和编写 C 程序时，通常使用阶梯式书写风格。

阶梯式书写风格的特点如下：

（1）程序包含多条语句，每一条语句可占用一行（尽量不要多条语句写在同一行），语句之间要用分号隔开。语句过长时，也可以一条语句占用两行或者多行。

（2）不同层次的语句从不同的起始位置开始，同一层次的语句缩进同样的字符数。

（3）表示层次的大括号独占一行，相对应的左、右大括号的缩进位置相同。

（4）注释的位置不固定。每一条注释都要以 "/*" 开始，以 "*/" 结束，并且 "*" "/" 之间不能有空格。

【例 1-1-1】下列程序的功能是输入一个正整数，程序运行后，输出这个正整数的所有因数（除了它本身）。例如，上机调试并运行该程序后，输入 "9"，则输出 "1" 和 "3"，程序运行结果如图 1-1-2 所示。观察、探究该程序的书写风格。

使用 C 语言编写的源程序如下。

```c
#include<stdio.h>         /* "标准输入、输出" 头文件 */
#include<conio.h>         /* 调用函数的头文件（包含 _getch()）*/
int main()                /* 函数开始 */
{                         /* 以下是函数体 */
int n,i;                  /* 定义两个整型变量 n 和 i*/
scanf_s("%d",&n);         /* 输入一个正整数 n*/
for(i=1;i<n;i++)          /* 循环语句 */
    if(n%i==0)            /* 条件判断 */
        printf("%3d",i);  /* 输出符合条件的数 */
printf("\n");             /* 输出后换行 */
_getch();                 /* 不回显函数 */
return 0;
}                         /* 以上是函数体 */
```

图 1-1-2　程序运行结果

此程序中有一条语句占用 3 行，且后两行有字符缩进。

规范地书写程序至关重要。C 语言的书写虽然比较自由，但是为使程序清晰易读，不同程序员在书写时应注意缩小因个人习惯而产生的差异，要尽可能地规范书写，以便增加程序的可维护性。

一、理解程序功能

某学校模拟考试结束后，需上报成绩统计结果，要求将考试成绩高于或等于 90 分的用 A 表示，高于或等于 60 分且低于 90 分的用 B 表示，低于 60 分的用 C 表示。应用 C 语言解决此问题，编写的程序所实现的功能应该是从键盘上输入一个学生成绩分数，根据分数判断该数值属于 "A" "B" "C" 哪个范畴，并将得出的结果从屏幕上输出。例如，输入 "68"，输出字母 "B"。

二、阅读程序并分析

按照以上要求编写的源程序如下。

```c
#include<stdio.h>
#include<conio.h>
int main()                              /* 函数开始 */
{
    int s;                              /*s 表示定义的成绩数据变量 */
    system("cls");                      /* 清屏 */
    printf("Please input a score:\n");  /* 输出提示文字 */
    scanf_s("%d",&s);                   /* 从键盘上输入一个成绩数值以备系统识别 */
    if(s>=90)                           /* 数值的范围为大于或等于 90*/
        printf("The grade of %d is  A.\n",s);  /* 输出等级 A 并显示到屏幕上 */
    else if(s<90&&s>=60)                /* 数值范围为小于 90 且大于或等于 60*/
```

```
    printf("The grade of %d is  B.\n",s);    /*输出等级 B 并显示到屏幕上 */
else                                         /*其他数值 */
    printf("The grade of %d is  C.\n",s);    /*输出等级 C 并显示到屏幕上 */
_getch();
return 0;                                     /*返回 */
}                                             /* 函数结束 */
```

程序运行结果如图 1-1-3 所示。

图 1-1-3 程序运行结果

该程序由一个主函数 main( ) 和大括号 { } 中的函数体构成，程序从 main( ) 函数开始执行。函数体包含许多语句，每条语句以分号结束，一般一条语句只占一行，但其中判断成绩范畴的语句如下。

```
if(s>=90)                                     /*数值的范围为大于或等于 90*/
    printf("The grade of %d is  A.\n",s);    /*输出等级 A 并显示到屏幕上 */
else if(s<90&&s>=60)                          /*数值范围为小于 90 且大于或等于 60*/
    printf("The grade of %d is  B.\n",s);    /*输出等级 B 并显示到屏幕上 */
else                                          /*其他数值 */
    printf("The grade of %d is  C.\n",s);    /*输出等级 C 并显示到屏幕上 */
```

观察判断成绩范畴的语句可知，其中每条语句占两行。从"int s;"语句开始，不同层次的语句缩进的字符不同，同一层次的语句缩进同样的字符，每条语句后都有写在符号"/*"和"*/"中的注释。

关于 C 程序，需特别注意以下几点。

（1）函数是 C 语言的基本单位，C 语言中至少应包含一个函数。

（2）C 程序中至少要有一个特殊函数，就是主函数 main( )，它是 C 程序的开始函数，C 程序总是从 main( ) 函数开始执行。

（3）C 程序是由语句组成的，语句首无行号，但语句尾一定要有分号";"作为语句结束标志。一行中最好仅有一条语句。

（4）编写 C 程序时，最好多加注释，以增加可读性。

小提示

1. 用 C 语言编写源程序，要用英文标点符号（半角）。

2. 如何把自然语言"翻译"成 C 语言，是应用 C 语言编写程序的关键，与编程者对程序功能的理解有关，也是初学 C 语言时会遇到的困难。

3. 同一程序可能有不同的编写方法，在学习中注意观察每一个程序的特点，记忆、记录并使用比较好的语句，使编写的程序简捷、准确。

4. 养成良好的学习习惯。

（1）反复阅读教材内容。读书百遍，其义自见。

（2）默写、仿写程序。能看懂程序，记忆经典代码，能仿写程序，多练多做，熟能生巧。

（3）多看，多查，多问，多交流。

（4）善用网络资源辅助学习。学习过程中遇到疑问或难题，能随时到网上高效地查阅相关信息。

C 语言的学习是一个循序渐进的过程，初学者对程序的理解可能会有困难，通过深入地、系统化地学习，初学者不但能够理解 C 语言，而且还能够编写 C 程序。

任务 2　输出指定短语——C 程序开发软件的认识

 **学习目标**

1. 能完成 C 程序开发软件的配置。

2. 能使用开发软件输入并运行 C 程序。

人机交互功能是 C 语言功能的一种体现。应用 C 语言的人机交互功能，很容易输出如"Hello everybody!（大家好!）"之类的语句，此外还可以输出操作提示、时间提示、计算公式等。编写 C 程序的过程中，利用人机交互功能，在程序的适当位置加入语言提示，可以清楚地表达设计者对程序操作的要求。例如，在程序中输出语句"Please input（请输入）:"。成熟的 C 语言编程技能包括在程序中恰当使用信息提示以跟踪、控制程序运行进程。C 语言初学者往往从输出文字信息开始编写程序。本任务介绍能编写和运行 C 程序的软件 Microsoft Visual Studio（简称 VS）及其操作方法，用 Microsoft Visual Studio 编写一个简单的 C 程序，输出文字信息，从而进一步认识 C 语言。

本任务具体要求是用 Microsoft Visual Studio 通过仿写、改写，进一步尝试编写一个只输出文字信息的小程序，实现在屏幕上输出相应中英短句的功能，并将文件命名为"vs1.c"，然后把文件保存在指定的位置。

学习 C 语言必须用到 C 程序开发软件，用于学习 C 语言的软件有许多，低配置的机器可以用老版软件，高配置的机器就用当下最新版软件，还可以根据具体配置和环境选用适合的软件。选择不同的 C 语言开发软件不会影响 C 语言的学习。为了适应低配置平台环境学习 C 语言，可以先了解一款经典的老版软件 Turbo C，再学习新版软件 Microsoft Visual Studio 2022（社区版）。

一、Turbo C

Turbo C 是美国 Borland 公司的产品，将 C 程序的编写、编译、链接和运行等操作全部集中在一个界面上，使得 C 程序的编辑、调试和测试等操作更加便捷，编译和连接的速度更快。

在 Windows 环境下打开资源管理器，找到 Turbo C 所在的磁盘和文件夹，双击打开 TC.exe 文件。

1. Turbo C 2.0 主界面

Turbo C 2.0 启动后，其主界面如图 1-2-1 所示，按 Esc 键即可使用。

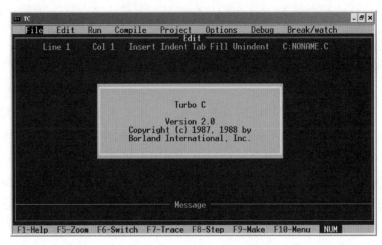

图 1-2-1　Turbo C 2.0 主界面

Turbo C 2.0 主界面由主菜单栏、编辑窗口、编译信息窗口和功能提示行组成。

（1）主菜单栏。

主菜单栏共有 8 个菜单（按 Alt+ 相应首字母可打开该菜单），提供 Turbo C 的主要功能。主菜单栏各项的功能如下。

File——管理文件。

Edit——建立、编辑及修改源程序。

Run——编译、连接和运行当前内存中的源程序。

Compile——编译器，用于编译当前内存中的源程序。

Project——管理项目，将多个大型程序文件组合生成最终文件。

Options——用于设置操作方式。

Debug——用于查错。

Break/watch——用于中断、监视。

（2）编辑窗口。

编辑窗口用于编写源程序。在窗口的上方有一个状态行，提示内容包括以下几项。

Line 和 Col——光标所在位置。

Insert——插入和改写转换。

Indent 和 Unindent——自动缩进格式转换。

Tab——插入制表符转换。

*——所编辑文件是否存盘标志。

NONAME.C——当前编辑系统默认的文件名。

（3）编译信息窗口。

编辑窗口下方"Message"以下的部分是编译信息窗口。编译、连接和调试等过程中出现的警告和错误信息都在这个窗口显示。

按 F5 键可扩大编辑窗口或扩大编译信息窗口（具体扩大哪个根据当前光标所在的窗口而定）。按 F6 键可使光标在编辑窗口和编译信息窗口之间切换。

（4）功能提示行。

在编辑窗口的底部，显示当前操作可以使用的主要功能键及说明。

F1——帮助（Help）。

F5——调整窗口（Zoom）。

F6——窗口之间切换（Swich）。

F7——跟踪（Trace）。

F8——跳过（Step）。

F9——执行（Make）。

F10——主菜单（Menu）。

2．C 程序的开发步骤

C 程序的开发要经过编辑、编译、连接和运行 4 个步骤，如图 1-2-2 所示。

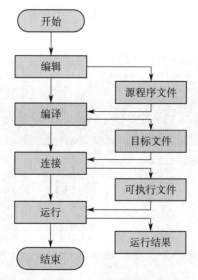

图 1-2-2　C 程序的开发步骤

根据 C 程序的开发步骤，使用 Turbo C 2.0 可将文本编辑、程序编译、连接以及程序运行一体化实现。

（1）编辑。

编辑是指在 Turbo C 2.0 编辑窗口中输入和修改用 C 语言编写的源程序。

在主菜单中执行"File"菜单中的"New"命令创建新的源程序文件，如图 1-2-3 所示，文件的默认名是"NONAME.C"（编辑窗口右上角）；执行"File"菜单中的 "Save"命令可以为文件重命名并保存文件；执行"File"菜单中的"Load"命令可以打开文件，如图 1-2-4 所示，打开的文件如图 1-2-5 所示；按 F2 键或执行"File"菜单中的"Save"命令或"Write to"命令可以保存文件。

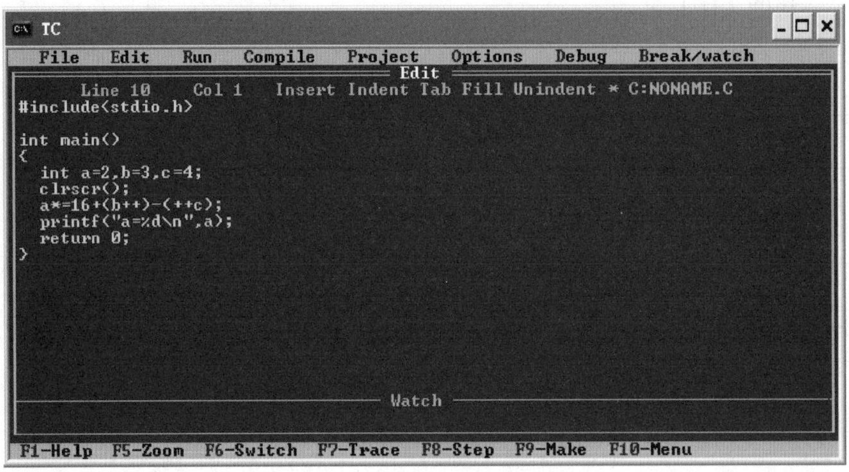

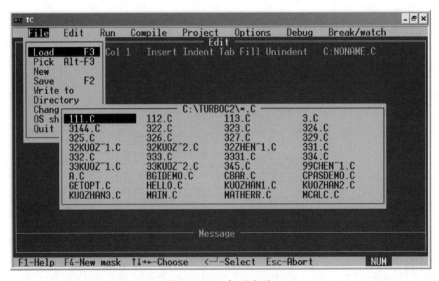

图 1-2-3　创建源程序文件

图 1-2-4　打开文件

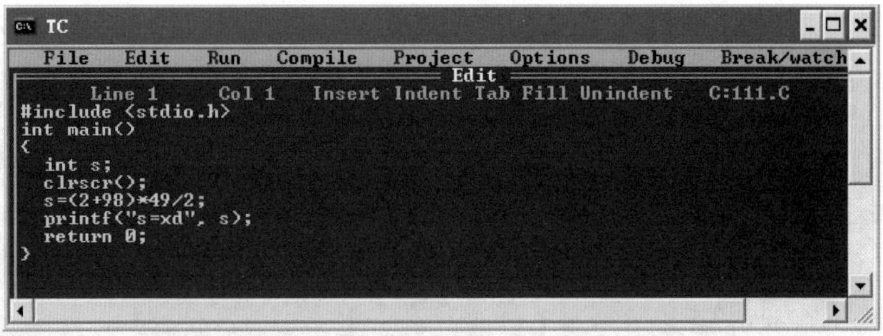

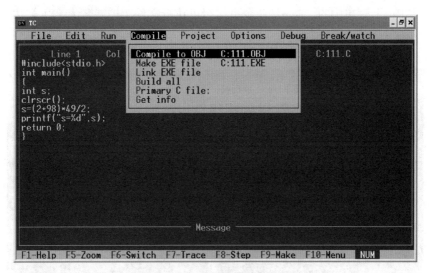

图 1-2-5　文件 111.C

编辑程序时，常用的快捷键有以下两个。

Ctrl+Y——删除光标所在的一行。

Ctrl+N——在光标处插入一行。

（2）编译。

编译是指将扩展名为"C"的源程序翻译成扩展名为"OBJ"的二进制目标代码。在主菜单中单击"Compile"菜单中的"Compile to OBJ"命令，使用快捷键 Alt+C 或按F10 键打开"Compile"菜单，单击"Compile to OBJ"命令，都可生成目标文件（扩展名为 OBJ），程序编译如图 1-2-6 所示。

图 1-2-6　程序编译

编译程序时，Turbo C 2.0 会自动对源程序进行语法检查，如发现出错，在"Compiling"窗口中会显示错误的数量和错误的类型。按照提示"Press any key"按键盘上的任意键，系统将出错信息显示在编辑窗口下方的"Message"栏中，以红色标注，指导用户修改。程序出错显示如图 1-2-7 所示。

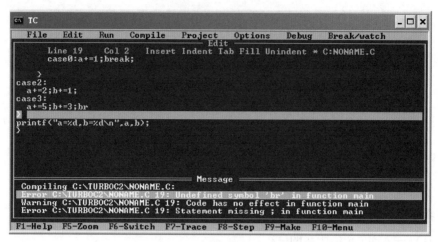

图 1-2-7　程序出错显示

（3）连接。

连接也称链接，是指编译后的目标代码与库函数连接。单击"Compile"菜单中的"Make EXE file"命令，可直接编译并生成可执行的目标程序文件（扩展名为 EXE）。

（4）运行。

运行是指将可执行的目标文件投入运行，获取程序的运行结果。

单击"Run"菜单中的"Run"命令可运行可执行文件（扩展名为 EXE），如图 1-2-8 所示。

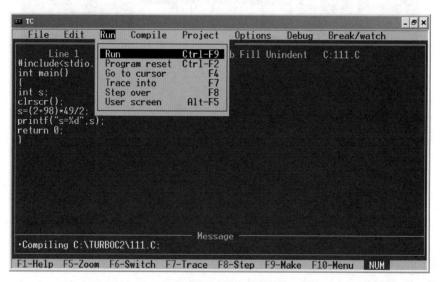

图 1-2-8　运行可执行文件

如果确认程序编辑准确无误，可直接按快捷键 Alt+R 或 Ctrl+F9，Turbo C 2.0 将一次性完成从编译、链接到运行的全过程。

【例 1-2-1】以下是应用 C 语言编写的源程序，功能是在屏幕上输出 "The TC is great!"（TC 了不起！）。

```
#include<stdio.h>                    /* 编译预处理命令 */
int main()                          /* 定义主函数 main() */
{                                   /* 主函数开始 */
    printf("The TC is great!\n");    /* 调用 printf() 函数输出文字，"\n" 表
示换行 */
}                                   /* 主函数结束 */
```

在 Turbo C 2.0 窗口中输入源程序后，经过编辑、编译、连接、运行，程序运行结果如图 1-2-9 所示。

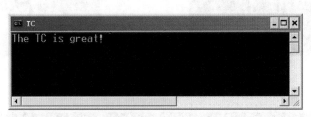

图 1-2-9　程序运行结果

二、Microsoft Visual Studio

Microsoft Visual Studio（简称 VS）是微软公司的开发工具包系列产品。它是一个基本完整的开发工具集，包括整个软件生命周期中所需要的大部分工具，如统一建模语言（UML）工具、代码管控工具、集成开发环境（IDE）等。所写的目标代码适用于微软支持的所有平台，包括 Microsoft Windows、Windows CE、.NET Framework、.NET Compact Framework 和 Microsoft Silverlight 等。

Microsoft Visual Studio 是最流行的 Windows 平台应用程序的集成开发环境。引入 .NET Framework 前，从 1995 年到 1998 年有 3 个初版。引入 .NET Framework 后，从 2002 年到 2019 年有许多版本，其中 Microsoft Visual Studio 2019 版本基于 .NET Framework 4.8。2022 年 2 月，微软在博客平台宣布，停止对旧版 Microsoft Visual Studio 的支持，官方建议升级到 Microsoft Visual Studio 2022。

1. 启动 Microsoft Visual Studio 2022

在 Windows（Windows 7 及以上）环境下，下载安装的 Microsoft Visual Studio 2022 软件（简称 VS 2022）可以在 Windows "开始" 菜单中打开，如图 1-2-10 所示，也可以用桌面上的快捷方式打开，如图 1-2-11 所示。打开 Microsoft Visual Studio 2022 后，出现图 1-2-12 所示的窗口界面。

图 1-2-10　"开始"菜单打开

图 1-2-11　桌面快捷方式打开

图 1-2-12　窗口界面

2. 用 Microsoft Visual Studio 2022 创建新项目

（1）在 Microsoft Visual Studio 2022 窗口界面单击"创建新项目"按钮，进入图 1-2-13 所示的创建新项目界面。

（2）单击"控制台应用"按钮，再单击右下角"下一步"按钮，进入图 1-2-14 所示的配置新项目界面，设置项目名称和位置后，单击右下角的"创建"按钮。

图 1-2-13 创建新项目界面

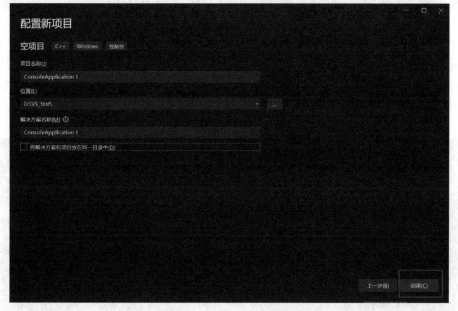

图 1-2-14 配置新项目界面

首次创建的新项目中有一个默认的 C++ 源文件，单击窗口上方的"本地 Windows 调试器"按钮（▶ 本地 Windows 调试器 • ▷ ），可以看到运行成功的结果。

（3）使用 Microsoft Visual Studio 2022 创建 C 文件。单击图 1-2-14 所示的配置新项目界面右下角的"创建"按钮后，在出现的主窗口中，单击"视图"下拉菜单中第一个按钮"解决方案资源管理器"，然后把"解决方案资源管理器"浮动窗口挂在主窗口的右边（也可以挂在左边），如图 1-2-15 所示。

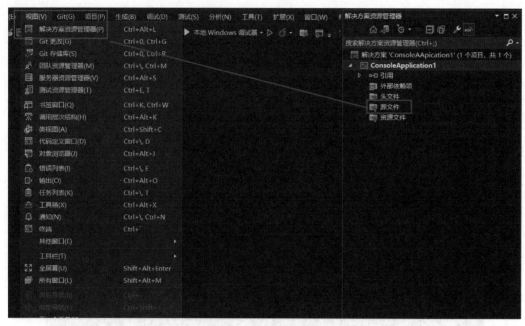

图 1-2-15　将浮动窗口挂在主窗口的右边

　　右击"解决方案资源管理器"窗口的"源文件"按钮，在弹出的快捷菜单中单击"添加"按钮，再执行"添加"菜单的"新建项"命令，如图 1-2-16 所示，弹出"添加新项"窗口，如图 1-2-17 所示。

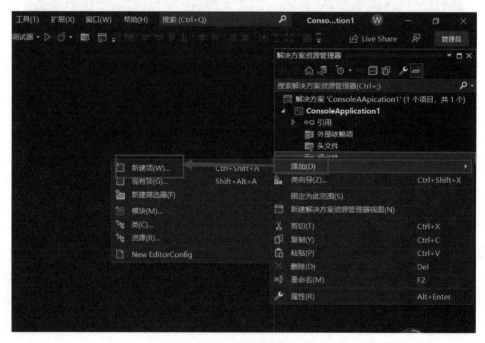

图 1-2-16　"新建项"命令

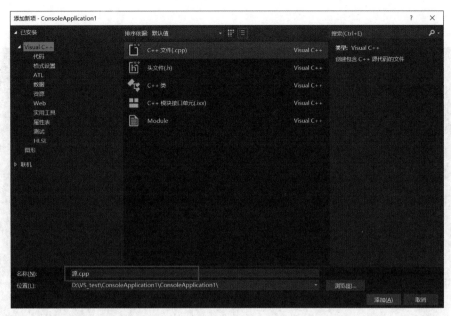

图 1-2-17 "添加新项"窗口

把"名称"栏中的"源 .cpp"改成"VS1.c",然后单击"添加"按钮,如图 1-2-18 所示,出现创建 C 程序的主窗口,在编辑源程序的位置输入源程序,单击窗口上方的 "本地 Windows 调试器"按钮,对源程序进行调试,如图 1-2-19 所示。如果源程序运 行失败,在主窗口的下面输出窗口处会给出错误列表和警告。编程者如果检查源程序 并修改至运行成功,则会输出运行结果,如图 1-2-20 所示。

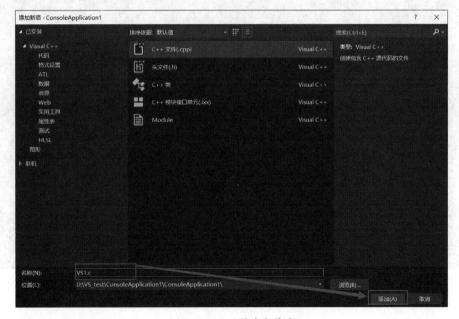

图 1-2-18 更改文件名

图 1-2-19　调试源程序

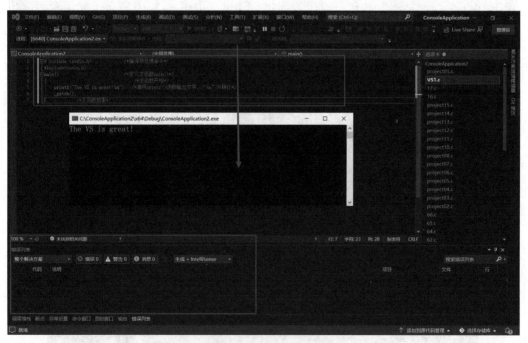

图 1-2-20　输出运行结果

一、配置程序开发软件

参照"相关知识"中的讲解，完成程序开发软件的配置。

二、仿写、改写程序

本任务可模仿例题【例 1-2-1】编写。【例 1-2-1】在 Microsoft Visual Studio 2022 中调试后的源程序如下。

```
第一行  #include<stdio.h>
第二行  #include<conio.h>  /*用于在 Microsoft Visual Studio 2022 下的输出
显示效果而添加，有时可以省略 */
第三行  int main()
第四行  {
第五行     printf("The TC is great!\n");
第六行     _getch();          /*用于控制显示效果而添加 */
第七行  }
```

将第五行内容"printf("The TC is great!\n");"修改成"printf(" 我能编 C 程序了! \n");"，其中"\n"的功能是换行。即将【例 1-2-1】源程序改成如下程序。

```
#include<stdio.h>                  /*编译预处理命令 */
#include<conio.h>
int main()                         /*定义主函数 */
{                                  /*主函数开始 */
    printf(" 我能编 C 程序了 !\n");/*调用 printf() 函数输出文字，"\n"为换行 */
    _getch();
}                                  /*主函数结束 */
```

程序在 Microsoft Visual Studio 2022 上的运行结果如图 1-2-21 所示。

图 1-2-21 程序运行结果

在 Microsoft Visual Studio 2022 中，输出结果有两种方式：方式一如图 1-2-22 所示，方式二如图 1-2-23 所示。在方式一的输出窗口中按回车键（或按任意键）可变成方式二的输出窗口；或者在源程序中删除"_getch( );"语句，也会变成方式二的输出窗口。本教材输出结果统一采用第一种方式。

图 1-2-22　输出结果的第一种方式

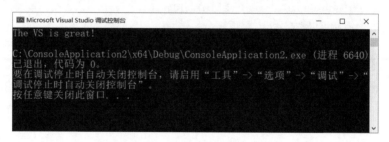

图 1-2-23　输出结果的第二种方式

 小提示

1. C 语言要用半角英文字符输入源代码程序。用英文版软件时，所有输入、输出的信息用英文字母和符号书写，便于识别和编译。程序中不能出现全角文字或符号，所有程序的标点符号必须是英文半角符号，尤其容易出错的是双引号和单引号。

2. 充分利用 Microsoft Visual Studio 2022 的联机功能。用 Microsoft Visual Studio 2022 编写源代码程序时，光标停在有疑问的语句或单词处，会出现"联机"按钮，单击按钮可随时上网学习。

3. Microsoft Visual Studio 2022 有少数函数在写法上与旧版 C 程序开发软件有微小的区别：有的加了前杠，如函数 _getch( ) 代替了函数 getch( )；有的加了后缀，如函数 scanf_s( ) 代替了函数 scanf( )；清屏函数 system("cls") 代替了 clrscr( )。如果用旧版 C 程序开发软件编程或阅读旧版 C 语言源程序，需注意相应调整程序代码。

4. 编写源程序必须做到严谨、认真，只有编写出完整、正确的源程序，才能通过调试，否则无法显示正确的运行结果。

项目二
走进C语言

计算器是解决数学问题时最常用、最方便的辅助工具，但是很少有人深入思考它的计算原理和设计原理。计算器也是微型计算机的一种，它的数据处理方式是通过手动输入数据，经过编译程序将数据转变为机器的代码来识别和计算。C语言作为一种程序设计语言也能够实现这类操作。C语言不仅可以进行数值计算，还可以进行逻辑判断、文字处理、图形绘制等操作。这些处理对象被划分成不同的数据类型，并被分配到不同的存储空间，不同问题的算法不同，操作也就不同。

任务1　求解 $1 \times 2 \times 3 \times 4 \times 5$ ——算法和基本数据类型的认识

学习目标

1. 掌握程序算法的概念和基本思路。
2. 熟悉C语言的基本数据类型。

人们在工作和生活中，每做一件事情都要考虑采取什么样的方式、方法，所采取的方式、方法是否合理往往决定了实施过程是否顺利以及结果是否成功，这些方式、方法就是算法。不同的人解决相同的问题所用算法可能不同。例如要到某地旅行，可以选择乘火车、飞机或轮船。如果想乘飞机，还要考虑出发地和目的地是否有机场，如果没有，乘飞机的打算就要取消（此算法失败）。即便有机场，同行成员中如果有因身体原因不能乘坐飞机的人（题目特殊要求），同样得取消乘飞机的计划。如果要去的地方在海上，要考虑先乘火车到沿海城市，再选择其他交通工具到码头，最后乘轮渡到达目的地。本任务将介绍算法的基本概念和编写算法的基本思路，并介绍使用算法编写具体程序时所用的数据和数据的基本类型。

本任务具体要求是编写两种算法求数学问题 $1 \times 2 \times 3 \times 4 \times 5$ 的值，阅读用两种算法编写的两个程序，分析两种算法是如何在两个程序中实现的，探讨程序中所用的数据类型。

一、算法概念

算法是一组解决问题的步骤，它可以产生结果，也可能在限定的条件下终止。可以用自然语言、伪代码（pseudo-code）、N/S 图（也称流程图）等多种方法来描述算法。

同一问题可用不同算法解决，一个算法的质量优劣将影响到算法乃至程序的效率。算法分析的目的在于选择合适算法和改进算法。对一个算法的评价主要从时间复杂度和空间复杂度来考虑。

1. 算法衡量标准

算法质量好坏的衡量标准如下：

（1）思路清晰正确。

（2）过程简单明了。

（3）算法合理准确。

例如，计算 2+4+6+8+10+…+100 的值，即求 1 至 100 中的偶数和有以下 4 种算法。

算法 1：2+4=6，6+6=12，12+8=20，20+10=30，…，2450+100=2550

算法 2：2×（1+2+3+4+5+…+50）=2550

算法 3：100+（2+98）+（4+96）+（6+94）+…+（48+52）+50=2550

算法 4：依次判断 1~100 的整数，只要是偶数就累加。

编程时可以将以上 4 种算法进行比较，根据具体情况进行选择和调整。

2. 算法分类

（1）数值算法。数值算法是指关于数学问题的求解的方法，如求三角形的面积、方程式的根、100 以内偶数和等。

（2）非数值算法。非数值算法是指人力系统资料录入、图书馆书籍检索、办公自动化处理等数值之外的数据的处理。

例如，学生学籍管理中，每一届学生多少人，分成几个班，每个班的学生每学期考勤情况、成绩如何，这些问题都可以通过非数值算法来解决。

3. 算法应用准则

设计算法时，应遵循以下几点。

（1）确定性。

算法中的每一个步骤都应是确定无误的，不能产生歧义。

（2）有限性。

算法中的每个步骤必须是有限的，而不能是无限的，要使算法在合情合理的范围内正确地执行并能得出正确的结果。

（3）有效性。

算法中的每一个步骤必须能有效地执行，也就是说每一个步骤都要符合高级语言的编写特点，符合常理。

（4）保证输入输出。

在执行算法时，需要通过输入获取信息，目的是求解。一个算法可以有零个、一个或多个输入，没有输入可以，但没有输出的算法是没有意义的。

4. 常用算法

（1）递推算法。

递推算法是一种用若干步可重复的简单运算（规律）来描述复杂问题的方法。

（2）递归算法。

递归算法通常把一个大型复杂的问题层层转化为一个与原问题相似、规模更小的问题来求解。递归算法只需少量的程序就可描述出解题过程所需要的多次重复计算，

大大地减少了程序的代码量。

（3）穷举算法。

穷举算法又称暴力破解法，是指对于要解决的问题，列举出它的所有可能的情况，逐个判断哪些符合问题所要求的条件，从而得到问题的解。

（4）分治算法。

在计算机科学中，分治算法是一种很重要的算法。分治算法可简单地理解为"分而治之"，就是把一个复杂的问题分成两个或更多的相同或相似的子问题，再把子问题分成更小的子问题，直到子问题可以直接求解为止，原问题的解即子问题解的合并结果。

（5）动态规划算法。

最优化原理是动态规划算法的基础。一个过程的最优决策无论其初始状态和初始决策如何，对以第一个决策所形成的状态作为初始状态的过程而言，在其之后所实施的诸策略必须构成最优策略。简言之，一个最优策略的子策略，对它的初态和终态而言也必定是最优的。

（6）贪心算法。

贪心算法是指在对问题求解时，总是做出在当前看来是最好的选择。也就是说，贪心算法不从整体最优上加以考虑，它所做出的决策仅是在某种意义上的局部最优解。贪心算法不是对所有问题都能得到整体最优解，但对大部分问题能得到整体最优解或是整体最优解的近似解。

例如常见的背包问题：假设背包最大容量为 M，需装物品 N 种，但容量有限，怎么装才能使背包里价值最大？首先可以根据价值对物品进行排序，每次优先选取价值大的物品装入包中，价值大的物品全部选完后再选择价值次大的物品装入，直到背包装不下为止。

5. 算法的设计

【例 2-1-1】计算 2+4+6+8+10+…+100 的算法之一是"依次判断 1～100 的整数，只要是偶数就累加"。分析此算法的编程思路，观察用此算法编写的程序，上机输入编辑、调试运行并输出结果。

本问题求在一定范围内（题中为 1～100）、满足一定条件（题中为偶数）的若干整数的和，可以理解为一个累加和的问题。设置一个变量（可用 S 表示），其初始值为 0，在指定的范围内寻找满足条件的整数，将它们一一累加到 S 中，并将正在查找的整数用一个变量 i 表示。

可以使用 C 语言语句 "S=S+i;" 来累加，它表示把 S 的值加上 i 后重新赋给 S。这个算法的累加过程需要反复执行，要用程序设计语言的循环控制语句（有关循环控制语句的知识将在后续任务中学习）来完成，其循环过程如下。

（1）判断 i 是否满足偶数的条件，把满足条件的整数累加到 S 中。

（2）对循环次数进行控制，这可以通过 i 的变化来控制。例如，题中条件为 1～100，可以把 i 的初值赋为 1，i 不断加 1，一直加到 100 结束。

参考程序如下。

```c
#include<stdio.h>          /*调用库函数*/
#include<conio.h>
int main()                 /*设置主函数*/
{                          /*函数体开始*/
    int i,S=0;             /*定义变量 i 和 S 为整型 (int) 数据，并且给 S 赋初值为 0*/
    for(i=1;i<=100;i++)    /*进入一个循环语句，表示 i 从 1 开始，循环执行加 1 操
作，只要 i 的值小于等于 100，这个循环就一直进行，每次循环的内容就是紧跟在 for 语句后面
的语句*/
    if(i%2==0)
    S=S+i;                 /*如果 i 是偶数，则将 i 累加到 S 中。其中，% 是求余数的
整数运算符（如果 i 被 2 除后的余数为 0，则说明它是偶数）；== 表示相等*/
    printf("%d",S);        /*调用库文件中的输出函数，要求按十进制整数形式输出*/
    _getch();
    return 0;              /*结束函数调用并返回*/
}                          /*函数体结束*/
```

程序运行结果如图 2-1-1 所示。

图 2-1-1　程序运行结果

 小提示

应注意数学中的符号与 C 语言运算符在含义上的区别。在 C 语言中，"="是赋值运算符，用于给变量赋值，"=="是关系运算符，用于比较两个量是否相等，应注意避免混淆。

二、数据类型

1. 常用数据类型

（1）字符型（char）数据。

每个字符型数据在内存中占 1 个字节的存储空间。例如，语句中出现的 ""a'" ""b'" 都属于字符型数据。每个字符型数据的长度应当可以包容 1 个字符，大部分系统中就是 1 个字节，而有的系统中是 4 个字节，因为这些系统中 1 个字符需要 4 个字节来描述。

（2）整型（int）数据。

整型数据用来描述整数，整数在计算机中是准确表示的。整型数据的长度与机器字长相同，16 位的编译器上整型数据长为 16 位，32 位的编译器上整型数据长为 32 位。例如，1981、1234、32767、–32768 等都属于整型数据。

在整型数据的基础上，还有短整型（short int）数据、长整型（long int）数据、无符号整型（unsigned int）数据等。

（3）实型数据。

实型数据又分为单精度浮点型（float）数据和双精度浮点型（double）数据。

1）单精度浮点型（float）数据。单精度浮点型数据用于描述日常使用的实数，实数在计算机中一般是近似表达的。每个单精度浮点型数据占 4 字节的存储空间，以浮点形式存储。例如，3.1415926、–28.26、37.00、78.02 等。

2）双精度浮点型（double）数据。每个 double 型数据占 8 字节的存储空间，双精度型数据的实数近似程度比较高。

（4）无值型（void）数据。

无值型数据没有具体的值，通常描述无形式参数的函数、无返回值的函数等。

C 语言还提供了几种聚合型（aggregate types）数据，包括数组、指针、结构体、共用体（联合体）、位域和枚举。

2. 常量及其类型

对于基本数据类型的量，按其取值是否可改变分为常量和变量两种。常量是指在程序的运行过程中值不变的量，在程序中常量可以不被定义就被直接引用。C 语言中经常使用的常量包括整型常量、实型常量、字符型常量和符号常量。

（1）整型常量。

整型常量即整数，在计算机中是准确表示的，C 语言能识别的整数可以是十进制、八进制和十六进制，输出格式分别为 %d、%o 和 %x。

1）十进制的整型常量。十进制计数法是日常使用最多的计数方法（即"逢十进一"），十进制数由数字 0 ~ 9 组成。正号可以省略不写，且不能以 0 开头，如 7、6、-20、4556 等。

2）八进制的整型常量。八进制的整型常量以数字 0 开头，由数字 0 ~ 7 组成，如 0、010、0365、-012、011 等。

3）十六进制的整型常量。十六进制的整型常量以 0x 或 0X 开头，由数字 0 ~ 9、字母 a ~ f（或 A ~ F）组成。其中 a ~ f（或 A ~ F）分别表示十进制的 10 ~ 15，如 0x11、0Xffff、0xa5、-0XAC 等。十六进制的整型常量是 C 语言中主要的赋值方式之一，同时也是二进制在 C 语言中的主要表现方式。

（2）实型常量。

实数在计算机中是近似表示的，又称浮点数。在 C 语言中，实数只采用十进制。它有两种书写形式，即十进制小数形式和指数形式。

1）十进制小数形式。实数的小数形式由数字 0 ~ 9 和小数点组成。如果整数部分为零，则小数点前的 0 可以省略，如果小数部分为零，则小数点后的 0 也可以省略。例如，0.597 可写为 .597，45.0 可写为 45.。

2）指数形式。实数的指数形式由十进制数码、阶码标志 E（或 e）以及阶码组成，其中阶码包括阶符和阶数两部分，阶符可为 + 或 -，阶数只能是十进制正整数或零。一般表达形式为"（十进制数）E（阶码）"，如实数 45621872.25 可表示为 4.562187225E+7 或 45.62187225E+6 等，实数 0.00012 可表示为 1.2E-4 或 12E-5 等。

另外，实型常量可以通过加后缀 f 或 F 表示，如 45f 表示实型常量 45，256F 表示实型常量 256。

（3）字符型常量。

1）普通字符。字符型常量只能是单个字符，并且只能用单引号引起来，不能用双引号或括号。字符可以是字符集中的任意字符，数字字符用单引号引起来后不能以原数值参与数值运算。例如，'0' 表示此处 0 为字符型常量，与数值 0 不同。

2）ASCII 码。ASCII 码即美国信息交换标准代码，现已成为国际通用标准，它统一规定了常用符号用相应的二进制数来表示。标准 ASCII 码也称基础 ASCII 码，使用 7 位二进制数来表示所有的大写和小写字母、数字 0 ~ 9、标点符号以及一些特殊控制字符。

ASCII 码值是常用符号相关的十进制数值，是在 ASCII 码表中的对应代码。例如小写字母 a 的 ASCII 码值是 97，大写字母 A 的 ASCII 码值是 65，数字 3 的 ASCII 码值是 51。

ASCII 码使用 1 个字节表示不同的字符，最多可以定义 256 个字符。目前包括字母、数字、标点符号、控制字符及其他特殊符号，标准 ASCII 字符集共有 128 个符号（见附录 3 ASCII 码表）。

3）转义字符。转义字符是一种特殊的字符型常量，以反斜杠"\"开头，后跟一个或多个字符。转义字符具有特定的含义，不同于字符原有意义，故而得名。转义字符、含义及其 ASCII 码值见表 2-1-1。

表 2-1-1　转义字符、含义及其 ASCII 码值

转义字符	含义	ASCII 码值
\0	空字符（NULL）	0（十进制）
\n	换行（LF），将当前位置移到下一行开头	10（十进制）
\f	换页（FF），将当前位置移到下一页开头	12（十进制）
\r	回车（CR），将当前位置移到本行开头	13（十进制）
\t	水平制表（HT）（跳到下一个 Tab 位置）	9（十进制）
\v	垂直制表（VT）	11（十进制）
\\	代表一个反斜杠（\）字符	92（十进制）
\a	响铃（BEL）	7（十进制）
\'	代表一个单引号（撇号）字符	39（十进制）
\"	代表一个双引号字符	34（十进制）
\b	退格（BS），将当前位置移到前一列	8（十进制）
\ddd	1~3 位八进制数所代表的任意字符	三位八进制
\xhh	1~2 位十六进制所代表的任意字符	二位十六进制

C 语言对字符型常量和整型常量不加区分，它把字符型常量看成 1 字节的整数，其值为该字符的 ASCII 码值，可以像整数一样参加运算，如字符型常量 'B' 和 'b' 的十进制 ASCII 码值分别是 66 和 98；则 "'B'+2" 的值为 68；"'b'-'B'" 值为 32。实际上，任何一个英文字母的大小写的 ASCII 码值都差 32，这样就可以轻松完成字母大小写之间的转换。

4）字符串常量。字符串常量是由一对双引号引起来的字符序列，例如，"string"就是一个字符串常量，从表面上看 "string" 是由 6 个字符组成的，但实际上它是由 7 个字符组成的，因为在 C 语言中系统自动在每个被双引号引起来的字符串最后补上一个字符，即 ASCII 码值为 0 的字符。因此，C 语言中的每个字符串实际上都是以 '\0' 为结束标志的。需要注意的是，C 语言语句中的 'a' 和 "a" 虽然都是指一个字母 a，但是两者截然不同，前者是字符型常量，后者是字符串常量，"a" 在内存中要占两个字节。

不能将字符串常量赋给一个字符型变量，如果要保存字符串常量，需要使用后面介绍的字符数组来存放。

（4）符号常量。

符号常量是使用一个标识符表示一个常量，需要用 #define 命令定义，一个 #define

命令只能定义一个符号常量，末尾不加分号并且符号常量名习惯上采用大写。

例如，可以使用如下语句定义符号常量。

```
#define BIG 10          /* 程序中的 BIG 是符号常量，代表 10*/
#define LOWER 6
```

用 const 语句也可以定义符号常量（常变量），例如使用语句 "const int N=12;"，就可以在程序中使用 N 代表 '12'，而不用每次都输入 '12' 了。

【例 2-1-2】下列程序的功能是，已知圆的半径等于 2，输出圆的周长。阅读源程序并体会符号常量的定义方法和使用方法。

```
#include<stdio.h>
#include<conio.h>
#define PI 3.14
int main()
{
    float r,s;
    r=2;
    s=2*PI*r;
    printf("s=%5.2f",s);
    _getch();
}
```

程序运行结果如图 2-1-2 所示。

图 2-1-2 程序运行结果

3. 变量及其类型

变量可分为整型变量、实型变量、字符型变量等。

（1）变量概念。

1）变量定义。在 C 语言中，变量必须先定义后使用。

变量定义的一般形式如下。

类型说明符 变量名 ；

例如，定义a、b、c这3个变量可使用以下语句。

```
int a;
int b;
int c;
```

也可以写为语句"int a, b, c;"，实现a、b、c这3个变量的定义。

变量名也称用户标识符，由字母、数字和下画线组成，并且保证第一个字符必须是字母或下画线，变量名不能和关键字相同。关键字又称保留字，是C语言规定的具有特定意义的字符串。变量名同其内存单元的起始地址具有一一对应的关系，通过变量名可以找到与之对应的存储地址，进而找到变量的内存单元，然后就可以调用变量的值。变量与内存单元的关系如图2-1-3所示。

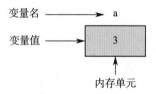

图 2-1-3　变量与内存单元的关系

2）变量赋初值。在定义变量的同时，还可以进行赋值操作。

例如以下语句。

```
int i=5;
int n=6;
```

也可以在定义之后的语句中赋初值，例如以下语句。

```
int i;
int n;
i=5;
n=6;
```

应注意，如果a、b、c这3个变量的数值相等，不可以写成以下形式。

```
int a=b=c=6;
```

而应写成以下形式。

```
int a,b,c;
c=6;
a=b=c;
```

3）变量定义的位置和作用域。变量定义的位置有 3 处，在函数外部定义的变量称为全局变量；在函数体内定义的变量称为局部变量；在函数的形式参数表中定义的变量称为形式参数，简称形参。

例如以下程序。

```
#inclue<stdio.h>
int big;                 /*big 为全局变量 */
value(int a,float b);    /*a，b 为形式参数 */
{
int my,you,her;          /*my，you，her 为局部变量 */
}
```

变量的作用域表示该变量的被引用范围，局部变量的作用域是从定义处开始，直到它所在的程序段结束为止；全局变量的作用域从定义开始，直到它所在的程序文件结束为止。

（2）变量类型。

1）整型变量。整型变量按照在内存中所占字节长度可分为短整型（short int）变量、基本整型（int）变量和长整型（long int）变量；根据有无符号可分为有符号（signed）整型变量和无符号（unsigned）整型变量，有符号整型变量可以表示 0、正数和负数，无符号整型变量可以表示 0 和正数，但表示正数的范围扩大一倍。例如以下程序。

```
int x,y;            /*定义变量 x、y 为基本整型变量 */
long int i;         /*定义变量 i 为长整型变量 */
unsighed int a;     /*定义变量 a 为无符号基本整型变量 */
```

其中，long int 可以写成 long。

2）实型变量。实型变量可用于存放特别大或特别小的数，整型变量可表示的数据范围有限，超出就会发生溢出，导致程序出错，这时可以考虑用实型变量存放数据。但实型数据总会有误差，所以有效位数很重要。实型变量主要有单精度浮点型（float）变量和双精度浮点型（double）变量两种形式。单精度型变量有效位数为 7 位，一般双精度型变量有效位数为 16 位，长双精度型变量有效位数为 19 位。

例如以下程序。

```
float i,j;          /*定义变量 i、j 为单精度型变量 */
double x,y;         /*定义变量 x、y 为双精度型变量 */
```

3）字符型变量。字符型变量用来存放单个字符，在内存中占 1 个字节的存储单元，用关键字 char 进行定义。字符型变量只能存放 1 个字符，而不能存放字符串。

【例 2-1-3】阅读下列程序，指出用关键字 char 定义的字符型变量和变量的初值。

```
#include<stdio.h>
#include<conio.h>
int main()
{
    char ch1,ch2;
    ch1='B';
    ch2=ch1+32;
    printf("%c,%c\n",ch1,ch2);
    _getch();
    return 0;
}
```

其中，源程序中关键字 char 定义的字符型变量是 ch1 和 ch2。ch1 变量的初值为 B，ch2 变量的初值为 b。

程序运行结果如图 2-1-4 所示。

图 2-1-4　程序运行结果

一、分析算法

求 $1×2×3×4×5$ 的值是简单的算术运算，题目要求虽然不高，但能解决问题的算法至少有两种。

算法一的步骤如下。

（1）定义两个整型变量，即使用语句"int i, s=1;"。其中，s 代表乘积变量，初值为 1，i 代表递进变量。

（2）用赋值表达式说明 s 与 i 的关系：s=s*i。

（3）当 i=1 时，s 初值为 1，第一次进入循环体，执行赋值表达式，s=s*i，也就是 s=1*1，此时 s=1。

（4）定义 i++，意思是 i 使用一次以后加上 1，也就是 i=i+1。再次进入循环体，此时 i=2，执行赋值表达式 s=s*i，也就是 s=1*2。

（5）根据循环语句执行循环体，循环变量 s 的值依次变为 s=1*2*3，s=1*2*3*4，s=1*2*3*4*5，直到 i=5 以后循环停止，输出 s 的值。

算法二的步骤如下。

（1）定义 6 个整型变量 "int a, b, c, d, e, s;"，s 代表乘积变量。

（2）为变量 a、b、c、d、e 赋初值："a=1; b=2; c=3; d=4; e=5;"。

（3）建立变量 s 与变量 a、b、c、d、e 之间的关系，即 "s=a*b*c*d*e;"。

（4）输出 s 的值。

二、阅读程序

算法一源程序如下。

```
#include<stdio.h>              /* 程序中用到标准输入输出函数都要加这个头文件 */
#include<conio.h>
int main()
{
    int i,s=1;                 /* 定义变量，s 代表数据乘积变量，i 代表递进变量 */
    for(i=1;i<=5;i++)          /*for 循环语句（后续介绍）*/
        s=s*i;
    printf("1×2×3×4×5=%d\n",s);  /* 输出结果，以十进制整数形式（%d）输出 */
    _getch();
    return 0;
}
```

算法二源程序如下。

```
#include<stdio.h>
#include<conio.h>
int main()
{
    int a,b,c,d,e,s;
    a=1;
    b=2;                    /* 也可以写成 b=a+1*/
    c=3;
    d=4;
    e=5;
    s=a*b*c*d*e;
    printf("1×2×3×4×5=%d\n",s);
```

```
    _getch();
    return 0;
}
```

三、调试运行

将两种算法的源程序输入编程软件并调试运行，程序运行结果均如图 2-1-5 所示，可见结果是相同的。

图 2-1-5　程序运行结果

本例的两种算法编写的程序运行结果相同，算法一适合累加数值（i）较大时使用，算法二适合累加数值（i）较小时使用。

 小提示

　　解决同一问题可以有不同的算法。在选择算法时要根据问题的实际情况，在不产生歧义的情况下，既要选择使程序简单明了的算法，还要具体问题具体分析，从各种算法中选出最适合解决具体问题的算法。

　　不同类型的数据占用内存空间的大小，既与数据的类型有关，还与计算机的"字长"有关。

任务 2　求圆的面积——基本运算符的使用

1. 能运用基本算术运算符编写程序。
2. 能运用逻辑运算符、关系运算符和条件运算符编写程序。
3. 能规范编写 C 语言程序表达式。

无论是简单的数值运算，还是较复杂的逻辑运算，只要有运算就要用到运算符。在 C 语言中，运算符是执行特定算术或逻辑操作的符号。"+""–""*""/"这 4 个符号分别是 C 语言中"加""减""乘""除"4 种运算符，只用这 4 个简单的运算符就能解决很多数、理、化等各领域的运算问题。不过，"+""–""*""/"运算符只是 C 语言运算符中最简单、最常用的一小部分，C 语言各种运算符及其参与构成的表达式数量众多，这在高级语言中是少见的，这也是 C 语言的主要特点之一。本任务介绍 C 语言的运算符和如何正确使用运算符写出合法的表达式。通过实例体会，正是丰富的运算符和各种运算符构成的表达式，使 C 语言编程的表达方式灵活多样、功能强大。

本任务具体要求是已知正 n 边形的周长是 r，用正 n 边形的边长做一个圆的半径，求圆的面积，上机编辑调试正 n 边形的周长是 9 的程序，并输出 n 为 3 时圆的面积。

C 语言中运算符的作用是告诉编译程序如何执行程序代码运算，针对几个操作数项目进行运算。针对一个操作数项目进行运算称为单目运算，针对两个操作数项目进行运算称为双目运算或二元运算，依此类推。

用运算符把 C 语言中操作数连起来的式子称为表达式。

例如："7–4"是表达式，7 和 4 是其操作数，"–"是运算符。

当几个不同的运算符同时出现在表达式中时，各运算符参与运算的先后顺序称为运算符的优先级。在表达式中，优先级较高的运算符先于优先级较低的运算符进行运算。C 语言运算符的优先级共分为 15 级，其中 1 级运算符的优先级最高，15 级运算符

的优先级最低（见附录 2）。

C语言的运算符除了具有不同的优先级外，还有一个特点，就是具有不同的结合性。运算符的结合性是指当同一个优先级的运算符同时出现在表达式中时，其运算的优先次序。运算符的结合性分为两种，即左结合性（自左向右运算）和右结合性（自右向左运算）。根据运算符的结合性可以确定表达式运算的结合方向。具有右结合性的运算符包括所有单目运算符、赋值运算符"="和条件运算符，其他运算符都是左结合性的运算符。在一个操作数两侧的运算符优先级相同时，按运算符的结合性所规定的结合方向处理。

各操作数参与运算的先后顺序不仅要遵守运算符优先级别的规定，还要受运算符结合性的制约，这种结合性是其他一些高级语言的运算符所没有的，因此也增加了 C语言的复杂性，编程中应注意运算符的结合性，以免出现错误。

C语言的运算符按功能可分为算术运算符、赋值运算符、关系运算符、逻辑运算符、条件运算符、逗号运算符、取内存字节数运算符、强制类型转换运算符、指针运算符、特殊运算符和位操作运算符等。运算符按不同方式组合可构成功能丰富的表达式，实现各种运算，为 C程序的编写奠定基础。

一、算术运算符和算术表达式

算术运算，也称数值运算，是程序设计中使用最多的一种数据运算。

1. 算术运算符

算术运算符可用于各类数值运算。算术运算符包括加"+"、减"–"、乘"*"、除"/"、求余（或称模运算，"%"）、自增"++"、自减"––"，共 7 种。

（1）基本运算符。

1）加法运算符"+"。加法运算符为双目运算符，即应有两个操作数参与加法运算，如 x+y、a+5+6 等。加法运算符具有左结合性。

2）减法运算符"–"。减法运算符为双目运算符，具有左结合性。

减法运算符"–"也可作为"负值"运算符，此时为单目运算，如 –x、–5–y 等，具有右结合性。

3）乘法运算符"*"。乘法运算符为双目运算符，如 a*b 等，具有左结合性。

4）除法运算符"/"。除法运算符为双目运算符，如 5/6 等，具有左结合性。如果参与运算的操作数均为整型数据，结果也为整型数据，舍去小数；如果操作数中有一个是实型数据，则结果为双精度实型数据。

【例 2-2-1】阅读下列程序，观察算术运算符在程序中的作用，上机编辑调试程序并输出运行结果。

```
#include<stdio.h>
#include<conio.h>
int main()
{
    int a,b;
    float c,d;
    a=3*2;
    b=56+8/4;
    c=3.0+2.0;
    d=56.0+8.0/4;
    system("cls");                /*清屏*/
    printf("%d,%d\n",a,b);
    printf("%f,%f\n",c,d);
    _getch();
    return 0;
}
```

程序运行结果如图 2-2-1 所示。

图 2-2-1　程序运行结果

（2）求余运算符。

求余运算符（模运算符）"%"为双目运算符，求余运算的结果等于两数相除后的余数，如 3%2 的结果为 1，具有左结合性。求余运算符用来求两个整数的余数时，要求两侧数据必须是整型数据。

【例 2-2-2】两个整数分别为 x 和 y，x%y 表示求 x 整除 y 后的余数。先用数学算法分析求余运算，然后编写程序，上机调试，输出"27%5"的值。

该运算的数学算法表达式是"x%y=x-(int)(x/y)*y"。

根据题目要求代入数值后可知，"27%5"的计算过程如下。

```
27%5=27-(int)(27/5)*5=2
```

编写程序如下。

```
#include<stdio.h>
#include<conio.h>
int main()
{
    printf("%d\n",27%5);
    _getch();
    return 0;
}
```

程序运行结果如图 2-2-2 所示。

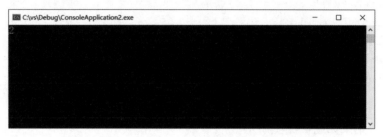

图 2-2-2　程序运行结果

本题输出的结果是 27 除以 5 所得的余数 2，该结果为整型数据，小数全部舍去。

（3）自增、自减运算符。

自增运算符和自减运算符都是单目运算符，具有右结合性。自增运算符记为"++"，其功能是使变量的值自增 1。自减运算符记为"--"，其功能是使变量值自减 1。自增、自减运算符共有下列 4 种运算。

1）++i。"++i"是指 i 自增 1 后再参与其他运算，即 i=i+1。

2）--i。"--i"是指 i 自减 1 后再参与其他运算，即 i=i-1。

3）i++。"i++"是指 i 参与运算后，i 的值再自增 1。

4）i--。"i--"是指 i 参与运算后，i 的值再自减 1。

其中"++"或"--"只能对变量施加运算，不能对常量或表达式施加运算。"++"和"--"可以写在变量之前成为前缀，也可以写在变量之后成为后缀。自增、自减运算符作为后缀或前缀对变量取值的先后有别，"i++"表示先取 i 的值，然后令 i=i+1；"++i"表示先执行 i=i+1，然后取 i 的值。

例如，根据以下语句，分析 a1、a2 的值。

```
i=15;
j=15;
```

```
a1=++i;
a2=j++;
```

其中语句"a1=++i;"应先计算 i=i+1，得到 i 的值是 16，然后将 16 赋值给 a1；语句"a2=j++;"应先将 j 的值 15 赋给 a2，然后计算 j=j+1，得到 j 的值是 16，而 a2 的值为 15。

【例 2-2-3】阅读下列程序，体会程序中的自增、自减运算符的功能。

```
#include<stdio.h>
#include<conio.h>
int main()
{
    int i=15;
    printf("%d\n",++i);
    printf("%d\n",--i);
    printf("%d\n",i++);
    printf("%d\n",i--);
    printf("%d\n",-i++);
    printf("%d\n",-i--);
    _getch();
    return 0;
}
```

程序运行结果如图 2-2-3 所示。

图 2-2-3　程序运行结果

i 的初值为 15，从此行起向下数，第 2 行 i 加 1 后输出，故为 16；第 3 行 i 减 1 后输出，故为 15；第 4 行输出 i 为 15 之后 i 再加 1（此时 i 值为 16）；第 5 行输出 i 为 16 之后再减 1（此时 i 值为 15）；第 6 行输出 -15 之后 i 再加 1（此时 i 值为 16），第 7 行输出 -16 之后 i 再减 1（此时 i 值为 15，没要求输出；"-"运算见下面运算符的结合性）。

（4）算术运算符的优先级和结合性。

1）优先级。算术运算符的优先级从高到低依次为：自增"++"、自减"--"优先于乘"*"、除"/"、求余"%"；乘"*"、除"/"、求余"%"优先于加"+"、减"-"。

例如，在表达式"a*a+b"中，乘法的优先级高于加法，因此应先计算 a*a 的值后再与 b 相加。

2）结合性。乘"*"、除"/"、求余"%"、加"+"、减"-"具有左结合性；自增"++"、自减"--"、负号"-"具有右结合性。

例如，在表达式"a*b/c"中，由于乘、除运算符处于同一个优先级别，它们的优先次序由结合性决定，乘、除运算符的结合性为左结合性，因此应先计算乘法再计算除法。

又如，表达式"x-y+z"中，y 应先与"-"结合，即执行 x-y 运算，然后再执行与 z 相加的运算。

再如，在表达式"-++i"中，负号"-"与"++"运算符处于同一个优先级别，根据单目运算符自右向左的结合性，应先计算 ++i 然后再取负值。

2. 算术表达式

用算术运算符把操作数连起来的式子称为算术表达式。

例如，表达式"x+y""cos(x)+cos(y)""(b*4)/c+6""256-(x+y)/24""-24*8+24%3/2-2""(i++)+j""(q--)*(++n)-(p++)"都是算术表达式。

算术表达式要按规则正确书写，尤其是乘法运算符"*"在表达式中既不能用"×"":"符号代替，也不能省略；除法运算符"/"同样也不能用"÷"符号代替。

例如表达式"x+x*y-56*z"不能写成"x+xy-56z"。

恰当使用圆括号可以改变算术运算优先次序，避免出现二义性。

例如，在表达式"a*b/c"中，乘法和除法是同一优先级，如果加上圆括号写成"a*(b/c)"，则改变了其运算的优先级，就要先进行"b/c"运算，再执行乘以 a 的操作。

又如，在表达式"---i"中，3 个负号会产生歧义，系统编译时会出错，正确的表达式应写为"-(--i)"。

圆括号使用时要"成对"出现。C 语言中允许多重圆括号嵌套"成对"使用，不允许使用方括号或大括号，方括号和大括号有另外的含义。

【例 2-2-4】阅读下列程序，说明算术表达式计算中，运算符的优先级和结合性规则，上机编辑调试，输出表达式的运算结果。

```c
#include<stdio.h>
#include<conio.h>
int main()
{
```

```
        int x=15,y=30,z=45,w=32;
        printf("%d\n",10-y*x/w%z);
        printf("%d\n",-(++x)+y);
        _getch();
        return 0;
}
```

在第一个 printf 语句中，由于乘除运算的优先级别高于加减运算，因此先计算表达式 "y*x/w%z"，同时根据自左向右的原则依次进行乘、除、求余运算，得到结果再用 10 减。第二个 printf 语句中，由于 "++" 优先于 "−"，因此先进行第一个 "++x" 的运算，再求其负数，最后与 y 相加。

程序运行结果如图 2-2-4 所示。

图 2-2-4　程序运行结果

二、赋值运算符和赋值表达式

赋值运算是把赋值运算符 "=" 右边的常量或表达式运算结果赋给左边的变量的运算。

例如，表达式 "a=2" 表示把常数 2 赋给变量 a。表达式 "a=2*3.14*r" 可用于计算半径为 r 的圆的周长，将计算出的周长值赋给变量 a。

赋值运算符分为简单赋值运算符和复合赋值运算符。

1. 赋值运算符

赋值运算符是最典型的右结合性运算符。

例如表达式 "x=y=z"，由于赋值运算符 "=" 的右结合性，应先执行 "y=z" 再执行 "x=(y=z)" 运算。

（1）简单赋值运算符。

简单赋值运算符 "=" 是双目运算符，必须连接两个操作数，运算符 "=" 左边只能是变量或数组元素，不能是常量，不能是表达式；右边则可以是任何表达式。

例如，要把 "x+y" 赋值给变量 x，"x+y=x" 是错误的表达式，正确的表达式应为

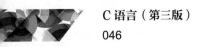
"x=x+y"。

（2）复合赋值运算符。

在 C 语言中有 10 种复合赋值运算符，也称赋值缩写。它们分别由一个双目运算符与赋值运算符 "=" 组成，具有赋值和计算双重功能。使用复合赋值运算符可以简化程序，提高编译效率。

例如，表达式 "i+=j" 中符号 "+=" 是复合赋值运算符，表达式 "i+=j" 的功能相当于表达式 "i=i+j"。

复合赋值运算符分为两种，即复合算术赋值运算符和复合位运算赋值运算符。

复合算术赋值运算符有 "+=" "−=" "*=" "/=" "%="，复合位运算赋值运算符有 "<<=" ">>=" "&=" "|=" "^="，其具体含义见表 2-2-1。

表 2-2-1　复合赋值运算符及其含义

复合算术赋值运算符		复合位运算赋值运算符	
运算符	含义	运算符	含义
+=	加法赋值	<<=	左移赋值
−=	减法赋值	>>=	右移赋值
*=	乘法赋值	&=	位逻辑与赋值
/=	除法赋值	|=	位逻辑或赋值
%=	求余赋值	^=	位逻辑异或赋值

2. 赋值表达式

用赋值运算符把操作数连接起来的式子称为赋值表达式。

简单赋值表达式的一般如下。

变量　赋值运算符　表达式

例如表达式 "x=a+b"。

复合赋值表达式的一般形式如下。

变量　双目运算符　赋值运算符　表达式

例如表达式 "x+=6" "z&=y−x"。

复合赋值表达式的一般形式等效于下列形式。

变量　赋值运算符　变量　双目运算符　表达式

例如，表达式 "x+=6" 等价于 "x=x+6"，表达式 "x−=6" 等价于 "x=x−6"，表达式 "x*=6" 等价于 "x=x*6"，表达式 "x/=6" 等价于 "x=x/6"，表达式 "x%=6" 等价于

"x=x%6"。

赋值表达式的值就是为变量所赋的值。例如表达式"a=b=100"中，赋值运算的运算方向是自右向左，先将 100 赋值给 b，赋值表达式"b=100"的值也是 100，最后将表达式"b=100"的值赋值给 a，a 的值也是 100。

在进行复合赋值运算时，要将右边的表达式作为一个整体与左边的变量进行运算。

例如表达式"a*=a+b"表达的含义是"a=a*(a+b)"，而不是"a=a*a+b"。

又如表达式"z&=y–x"等价于"z=z&(y–x)"，而不等价于"z=z&y–x"。

【例 2–2–5】下列程序中已有变量说明"int a=2, b;"，先计算表达式"b+=b=++a"运算后 a 和 b 的结果；然后编写程序，并上机编辑运行，输出表达式"b+=b=++a"中 a 和 b 的值，与之前计算的结果相比较。

计算可知 a 为 3，b 为 6。

编写程序如下。

```
#include<stdio.h>
#include<conio.h>
int main()
{
    int a=2,b;
    b+=b=++a;
    printf("a=%d,b=%d\n",a,b);
    _getch();
    return 0;
}
```

程序运行结果如图 2–2–5 所示。

图 2–2–5　程序运行结果

赋值表达式的功能是先计算右边表达式的值，再将该值赋予左边的变量。因此多重赋值表达式"a=b=c=5"可理解为"a=(b=(c=5))"。

多重赋值表达式不能出现在变量说明中。例如，语句"int i=j=0;"是非法的。

在赋值表达式中，当同一变量被连续赋值时，应注意其值的变化。

【例 2-2-6】分析下列程序中表达式"a+=a-=a*a"的值，并上机验证程序运算结果。

```c
#include<stdio.h>
#include<conio.h>
int main()
{
    int a=5;
    a+=a-=a*a;
    printf("%d\n",a);
    _getch();
    return 0;
}
```

在上述源程序中，计算表达式"a+=a-=a*a"时，按自右向左的顺序先计算出 a*a 的值，得到结果 25；再进行表达式"a-=25"的运算，其相当于表达式为"a=a-25"，结果为 -20；然后该值作为 a 的新值进入下一个表达式"a+=-20"，该表达式等效于"a=a+(-20)"，结果为 -40。程序运行结果如图 2-2-6 所示。

图 2-2-6 程序运行结果

三、关系运算符和关系表达式

关系运算符用于程序中的比较运算。在程序中经常需要比较两个量的大小关系，以决定程序下一步的工作。关系运算符主要用于构造流程控制中的条件表达式，运算结果是逻辑值。

1. 关系运算符

比较两个量大小的运算符称为关系运算符，主要用来对两个算术表达式或赋值表达式进行比较运算。

C 语言中的关系运算符有"<""<="">"">=""==""!="，其含义见表 2-2-2。

表 2-2-2 关系运算符及其含义

运算符	含义	运算符	含义
<	小于	>	大于
<=	小于或等于	>=	大于或等于
==	等于	!=	不等于

关系运算符都是双目运算符，其结合性均为左结合性。

关系运算符的优先级低于算术运算符，高于赋值运算符。在6个关系运算符中，"<""<="">"">="的优先级相同，"=="和"!="的优先级相同，"<""<="">"">="的优先级高于"=="和"!="。

2. 关系表达式

用关系运算符把操作数连接起来的式子称为关系表达式。例如表达式"a%2==0""x=6<3""x+y>x*5−y+z""min>90"等。

关系运算符中相等的比较是用两个等号表示，即"=="，注意不要与赋值运算符混淆。例如，表达式"a=1"是将数值1赋值给变量a；而表达式"a==1"则是在判断变量a是否与1相等，如果相等则表达式的结果为1，否则为0，此处的1是逻辑数值，表示关系为真。C语言不提供逻辑型数据，而是用整数1表示逻辑真，用整数0表示逻辑假。

例如，表达式"5<8"成立，其值为1；表达式"45!=60"成立，其值为1；表达式"1!=1"不成立，其值为0。

在同一表达式中有多个关系表达式时，应根据优先级进行运算。例如表达式"(50<6)!=(3+4>4)"中，根据优先级别应先计算有括号的两个关系表达式的值，然后对这两个值进行相等性比较。所以，运算该表达式时要先计算"50<6"，其值为0；再计算"3+4>4"，其值为1；最后计算"0!=1"，关系表达式成立，最终结果为1。

【例 2-2-7】分析下列程序中各关系表达式的值，并上机验证程序运算结果。

```c
#include<stdio.h>
#include<conio.h>
int main()
{
    char c='k';
    int i=1,j=2,k=3;
    float x=3e+5,y=0.85;
    printf("%d,%d\n",'a'+5<c,-i-2*j>=k+1);
    printf("%d,%d\n",1<j<5,x-5.25<=x+y);
```

```
    printf("%d,%d\n",i+j+k==-2*j,k==j==i+5);
    _getch();
    return 0;
}
```

程序运行结果如图 2-2-7 所示。

图 2-2-7　程序运行结果

本例中字符型变量是以其对应的 ASCII 码值参与运算的。对于含多个关系运算符的表达式，如 "k==j==i+5"，根据运算符的左结合性，先计算 "k==j"，该式不成立，其值为 0，再计算 "0==i+5"，也不成立，故该表达式值为 0。

【例 2-2-8】阅读下列程序，体会赋值运算符 "=" 和比较运算符 "==" 的区别，计算、预测程序中各赋值表达式和关系表达式的值，上机输出程序运行结果验证计算值。

```
#include<stdio.h>
#include<conio.h>
int main()
{
    int a=8,b,c;
    b=c=a++;
    printf("%d   ",(a>b)==(c=a-1));
    a=b==c;
    printf("%d   ",a);
    printf("%d\n",a++>=++b-c--);
    _getch();
    return 0;
}
```

运行程序结果如图 2-2-8 所示。

图 2-2-8 运行程序结果

四、逻辑运算符和逻辑表达式

1．逻辑运算符

逻辑运算符有 3 种，分别是逻辑非运算符"!"、逻辑与运算符"&&"、逻辑或运算符"‖"。

逻辑运算符优先次序是逻辑非运算符的优先级高于其他两个逻辑运算符，逻辑与运算符的优先级高于逻辑或运算符。

逻辑运算符和其他运算符优先级的关系是逻辑与运算符"&&"、逻辑或运算符"‖"的优先级低于关系运算符，逻辑非运算符"!"的优先级高于算术运算符。按照运算符的优先顺序可以得出表达式"a>b&&c>d"等价于"(a>b)&&(c>d)"，表达式"!b==c‖d<a"等价于"((!b)==c)‖(d<a)"，表达式"a+b>c&&x+y<b"等价于"((a+b)>c)&&((x+y)<b)"。

逻辑与运算符"&&"和逻辑或运算符"‖"均为双目运算符，具有左结合性；逻辑非运算符"!"为单目运算符，具有右结合性。

2．逻辑表达式

用逻辑运算符把关系表达式或操作数连接起来的有意义的式子称为逻辑表达式。

逻辑与和逻辑或的逻辑表达式的一般形式如下。

表达式 逻辑运算符 表达式

例如表达式"a+b>c&&x+y<b"。

逻辑非的逻辑表达式的形式如下。

! 表达式

逻辑表达式的值是一个逻辑值，即真或假。C 语言编译系统在给出逻辑结果时，以数字 1 表示真，以数字 0 表示假，但是在判断一个量是否为真时，以非 0 表示真，以 0 表示假。可以把逻辑表达式的运算结果（0 或 1）赋给整型变量或字符型变量。

（1）逻辑与运算。

逻辑与运算也称逻辑乘，需要有两个运算量，当两个运算量皆为真时结果为真，两个运算量中有一个为假时其结果为假。

（2）逻辑或运算。

逻辑或运算也称逻辑和，需要有两个运算量，当两个运算量皆为假时结果为假，两个运算量中有一个为真时，结果为真。

（3）逻辑非运算。

逻辑非运算也称取反运算，仅需要有一个运算量，非真结果为假，非假结果为真。

各运算的逻辑真值表见表 2-2-3。

表 2-2-3　逻辑真值表

i 值	j 值	i&&j 值	i‖j 值	!i 值	!j 值
0	0	0	0	1	1
0	1	0	1	1	0
1	0	0	1	0	1
1	1	1	1	0	0

【例 2-2-9】阅读下列程序，分析、判断逻辑表达式的运算结果，并上机验证。

```c
#include<stdio.h>
#include<conio.h>
int main()
{
    char c='k';
    int i=1,j=2,k=3;
    float x=3e+5,y=0.85;
    printf("%d,%d\n",!x*!y,!!!x);
    printf("%d,%d\n",x||i&&j-3,i<j&&x<y);
    printf("%d,%d\n",i==5&&c&&(j=8),x+y||i+j+k);
    _getch();
    return 0;
}
```

以上源程序中，"!x" 和 "!y" 均为 0，表达式 "!x*!y" 也为 0，故其输出值为 0。由于 x 为非 0，故表达式 "!!!x" 的逻辑值为 0。对于表达式 "x‖i && j-3"，先计算 "j-3"，其值为非 0，再计算 "i&&j-3"，其逻辑值为 1，故 "x‖i&&j-3" 的逻辑值为 1。对于表达式 "i<j&&x<y"，由于 "i<j" 的值为 1，而 "x<y" 为 0，故表达式的值是 1 和 0 进行逻辑与运算，最后的运算结果为 0。对于表达式 "i==5&&c&&(j=8)"，由于 "i==5" 为假，即值为 0，该表达式由两个逻辑与运算组成，所以整个表达式的值为 0。

对于表达式"x+y‖i+j+k"，由于"x+y"的值为非 0，故整个表达式的值为 1。

程序运行结果如图 2-2-9 所示。

图 2-2-9　程序运行结果

五、条件运算符和条件表达式

条件运算符由"?""："连接组成，是三目运算符。

条件表达式一般形式如下。

表达式 1? 表达式 2: 表达式 3

条件表达式的含义是当表达式 1 的值非 0 时，整个条件表达式的值是表达式 2 的值，否则，整个条件表达式的值是表达式 3 的值。

条件表达式常用于构成一个赋值语句。例如，如下源程序使用条件表达式，实现了输入 3 个整数，输出其中最大的数的功能。

```c
#include<stdio.h>
#include<conio.h>
int main()
{
    int a,b,c,s1,s2;
    scanf_s("%d%d%d",&a,&b,&c);
    s1=a>b?a:b;                 /*判断 a 和 b 的大小，同时给 s1 赋值*/
    s2=s1>c?s1:c;               /*比较 s1 和 c 的大小，同时给 s2 赋值*/
    printf("max=%d\n",s2);
    _getch();
    return 0;
}
```

该源程序中表达式"s1=a>b?a:b;"表示 a 和 b 相比较，如果 a 大于 b 则等号右侧表达式值为 a，否则为 b，同时把所得值赋给 s1。表达式"s2=s1>c?s1:c;"表示把 s1 和 c 相比较，把大的值赋给 s2，最终输出最大的数 s2 的值。

调试并运行该程序，输入数字 10、20、15，运行结果如图 2-2-10 所示。

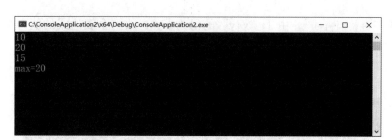

图 2-2-10　程序运行结果

六、其他运算符

1. 逗号运算符及其表达式

逗号运算符 "," 是 C 语言提供的一种特殊的运算符。逗号运算符的优先级别最低，其结合性是左结合性，其表达式的一般形式如下。

表达式 1, 表达式 2, 表达式 3, …, 表达式 n

其表达式的含义是先计算表达式 1，再计算表达式 2，最后计算表达式 n，逗号表达式的值为最后一个表达式的值。利用逗号表达式可实现在一条 C 语言语句中对多个变量赋予不同值的功能。

【例 2-2-10】编写程序，要求变量 a 的值是 5，b 的值是 8，c 的值是 6，输出逗号表达式 "a=5, b=a+3, c=6" 的值。

```
#include<stdio.h>
#include<conio.h>
int main()
{
    int a=5,b=a+3,c=6;
    printf("a=%d,b=%d,c=%d\n",a,b,c);
    printf("(a=5,b=a+3,c=6)=%d",(a=5,b=a+3,c=6));
    _getch();
}
```

程序运行结果如图 2-2-11 所示。

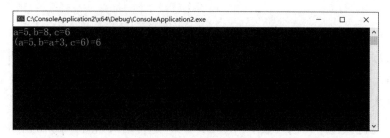

图 2-2-11　程序运行结果

2. 取内存字节数运算符及其表达式

取内存字节数运算符"sizeof"是 C 语言的一个特殊的运算符，它是一个单目运算符，用于计算操作对象在内存中所占的字节数。

sizeof 运算符表达式的一般形式如下。

sizeof(操作对象)

例如以下语句。

```
int a=10,b=0;
b=sizeof(a);
```

其中，b 用于存放字母 a 在内存中所占的字节数。当运算符"sizeof"被应用于 char 型数据时，其值为 1，当被应用于数组数据时，其值为数组字节的总数，但运算符"sizeof"不能应用于函数类型。

3. 强制类型转换运算符

强制类型转换运算符的功能是把表达式的运算结果强制转换成类型说明符所表示的类型。如果在表达式"10/4"中，根据自动类型转换规则，其结果是 2；如果将整数 10 强制转换成 float 型，即"(float)10/4"，其结果就是 2.5。强制类型转换表达式的一般形式如下。

(类型关键字)(表达式)

强制类型转换的形式就是将类型关键字用圆括号括住。在对一个表达式进行强制类型转换时，整个表达式也应该用圆括号括起来。强制类型转换运算符也是一种一元运算符，与其他一元运算符有同样的优先级别和结合性。

例如以下语句。

```
(float)a;          /* 把 a 强制转换为实型 */
(int)(x+y);        /* 把 x+y 的结果强制转换为整型 */
```

其中，表达式"(int)(x+y)"若写成"(int)x+y"，则表示只对变量 x 进行强制类型转换，使其变成整型数据，再与 y 相加，与原来表达式的含义完全不同，在编写程序时应注意避免出错。

4. 指针运算符

指针运算符包括取内容"*"和取地址"&"二种运算符。

5. 特殊运算符

特殊运算符有括号"( )"、下标"[ ]"、结构成员选择（指针）"→"、结构成员选择（对象）"."4 种。

6. 位操作运算符

位操作运算符是指将参与运算的数据按二进制位进行运算。位操作运算符包括位与运算符 "&"、位或运算符 "|"、位非运算符 "~"、位异或运算符 "^"、左移运算符 "<<"、右移运算符 ">>" 6 种。

任务实施

一、设计程序

（1）定义符号常量 PI 为 3.14。

（2）定义整型变量 n 表示正 n 边形边数。

（3）定义实型变量 S，r 分别表示圆的面积和正 *n* 边形的周长，r 的初值是 9。

（4）用表达式 "r/=n;" 表示圆的半径。

（5）用表达式 "%5.2f" 表示结果保留两位小数。

二、编写程序

```c
#include<stdio.h>
#include<conio.h>
#define PI 3.14159              /*定义符号常量 PI*/
int main()
{
    int n;
    float S,r;
    r=9;                        /* 给 r 赋初值 */
    printf("Please input n:");/*提示输入 */
    scanf_s("%d",&n);           /*输入正 n 边形的边数 */
    r/=n;                       /*圆半径表达式（用正 n 边形的周长和边数表示）*/
    S=PI*r*r;                   /*圆面积 */
    printf("\n The area is %5.2f.",S);
    _getch();
    return 0;
}
```

三、调试运行

根据提示输入 3（三边形），程序运行结果如图 2-2-12 所示。

图 2-2-12 程序运行结果

数学中圆面积的计算公式为 $S=\pi r^2$，在上述程序中用语句"S=PI*r*r;"表示，其中数学计算公式中的"r^2"用"r*r"表示。在 C 语言中，用 math.h 中的库函数 pow(x, y) 可进行幂运算，其中 x 是底数，y 是指数，x 和 y 都是双精度浮点型（double）数据。

例如，"x 的 n 次方 x^n"的表达式为"pow(x, n)"。把上述源程序中的"S=PI*r*r;"改成"S=PI*pow(r, 2);"，程序运行结果和图 2-2-12 相同。

 小提示

在编写程序时，应注意 C 语言算术表达式与数学表达式之间书写形式和含义的区别。

C 语言算术表达式的乘号 * 不能省略，例如，数学表达式"b^2-4ac"对应的 C 语言表达式应为"b*b-4*a*c"。C 语言算术表达式只能出现字符集允许的字符，例如本任务程序中，数学表达式"πr^2"对应的 C 语言算术表达式应该写成"PI*r*r"。

又如，在 C 语言中，表达式"1<a<2"与数学中的意义也不一样，关系运算符"<"为左结合性，因此可以将之写成"(1<a)<2"，其中 a 的值可以为任意值，只需按判断条件求出该表达式的值即可。在数学中，如果 a 的值是 6，则这个式子没有意义。

项目三
掌握 C 语言

随着信息技术的高速发展，软件程序已经与人们的生产生活密不可分。日常生活中，人们离不开安装在计算机、手机等设备上的各类软件程序，各类电气设备也从传统的机械控制、电气控制方式转变为依赖软件程序实现智能控制。这些软件程序功能强大，一般都是由包括 C 语言在内的各类高级语言编写完成的。这些程序一般都较为复杂，常常包含了上万行甚至更多的程序代码。这些程序虽然复杂，但归根到底，也是由一些基本的程序设计思想、程序结构和程序功能实现的。一个简单 C 程序，一般都是综合运用顺序结构、分支结构、循环结构 3 种基本结构，以及数组、函数、指针、结构体等功能编写而成的。

任务 1 模拟"收款机"——顺序结构程序的设计

学习目标

1. 掌握 C 程序的基本结构。
2. 理解各种顺序结构程序设计的理念。
3. 能运用输入、输出语句编写程序。
4. 掌握简单的程序设计方法。

任务描述

超市的收款机是代替人工收款的机器，它可以通过扫描各商品的条形码，输入和显示商品份数、单价、总价和找零；每当商品因打折等发生价格变化时，只需稍微修改运行程序就能自动实现价格变动。本任务用 C 程序来模仿收款机，体会简单修改程序即能满足收款机功能调整需求的过程，从而掌握数据的表达、运算、流程控制等基本内容，进一步了解 C 程序的设计思想和方法。

本任务"收款机"程序的具体要求为：现出售 A、B、C、D、E、F 这 6 种商品，其单价分别是 10.50 元、15.00 元、18.00 元、28.00 元、40.20 元、24.00 元，其中 F 打 6 折。要求程序根据顾客购买的数量计算总价，并根据顾客支付的金额计算找零，通过 C 语言程序进行调试、运行并显示总价和找零的计算结果。

相关知识

一、C 语言程序基本结构

C 语言程序是一种结构化程序，它的基本组成是函数，一个具体的程序任务可以分成若干部分，由函数分别定义和编码，使程序模块化。C 语言程序一般由一个或者多个 C 函数组成，而函数又是由若干个 C 语句构成，一个 C 语句则是由若干个基本单词构成。

C 语言程序的一般形式如下。

全局变量说明；

```
main()
{
```

局部变量说明；

语句；　　　　　　　　　/* 可以包含调用函数的语句。调用函数时，程序跳转到相应函数的部分，函数结束后再跳转回主函数，接着执行调用语句的下一个语句。主函数不可被调用 */

```
}
```

函数 1(形式参数表)　　/* 被调用函数，可以被主函数调用。此外，函数间也可以

互相调用，甚至可以调用自身 */

```
    {
        局部变量说明；
        语句；
    }
    函数 2（形式参数表）
    {
        局部变量说明；
        语句；
    }
    …
    函数 n（形式参数表）
    {
        局部变量说明；
        语句；
    }
```

【例 3-1-1】下面是求整数 1～100 之和（即输出 1+2+3+…+98+99+100 的值）的完整 C 程序，观察这段 C 语言的基本程序结构，指出其中的函数。

```c
#include<stdio.h>        /* 头文件 */
#include<conio.h>
int main()               /* 主程序开始 */
{
    int i,sum;           /* 定义变量和数 sum 及变量 i 的类型 */
    system("cls");       /* 系统函数调用清屏命令 */
    sum=0;               /* 给和数 sum 赋初值为 0*/
    i=1;                 /* 给变量 i 赋初值为 1，意为从 1 开始相加 */
    while(i<=100)        /* 循环开始，到 i 为 100 结束（包括 100）*/
    {
        sum=sum+i;       /* 把和数 sum 加 i 再赋给和数 sum*/
        i=i+1;           /* 把 i 加 1 赋值给 i*/
    }                    /* 循环结束 */
    printf("1+2+3+…+98+99+100=%d\n",sum);     /* 输出字符串 "1+2+3+…+98+
99+100=" 后，将所得和数结果输出 */
    _getch();
```

```
    return 0;
}                          /* 主程序结束 */
```

此程序使用的结构如下。

```
int main()
    {
    定义变量
    system("cls");
    赋初值
    while()
    {
    ...
    }
    printf();
    }
```

程序中除了主函数 main( )，还有函数 system("cls")（系统函数）、函数 printf( )（标准输出函数）和函数 _getch( )（不回显函数）。调试运行结果如图 3-1-1 所示。

图 3-1-1　程序运行结果

1．C 函数

C 函数是完成 C 程序某个整体功能的基本单位，它是相对独立的程序段、过程或模块。一个 C 程序由一个主函数和若干其他函数组成，所有的函数都具有相同的结构。

【例 3-1-2】以下程序的功能是用调用函数方法求 1 到 n 的整数和，并返回 $n=100$ 的累加和，观察程序构成。

```
#include<stdio.h>
#include<conio.h>
int sum(int Y);          /*声明定义函数*/
int main()
{
    int X,t;
```

```
    printf("Please input number(>0):");
    scanf_s("%d",&X);
    t=sum(X);                /*调用函数求累加和并赋值变量 t*/
    printf("1+2+3+…+%d=%d",X,t);
    _getch();
}
int sum(int Y)               /*定义 sum() 函数，其中形式参数 Y 定义为整型 */
{
    int n=0,i;
    for(i=1;i<=Y;i++)
    n+=i;
    return n;
}
```

调试并运行源程序，输入 100 后，程序运行结果如图 3-1-2 所示。

图 3-1-2　程序运行结果

本程序是由主函数 main( ) 和一个定义的函数 sum( ) 构成，主函数 main( ) 中调用了自定义函数 sum( )。

读者可自行分析探讨【例 3-1-1】和【例 3-1-2】中两个源程序的相同与不同之处。

2. C 语句

C 语句是完成某种功能函数的最小单位。C 语句包括表达式语句、复合语句和空语句，都以分号结尾。

（1）表达式语句。

表达式语句由一个表达式加一个分号构成，例如 "x++=6;" "n=n+2;" 等。

（2）复合语句。

复合语句由多条语句组成，并且这些语句必须用大括号括起来，一般形式如下。

```
{
    语句 1;
```

```
        语句 2;
        ...
        语句 n;
    }
```

【例 3-1-3】观察下列程序，指出程序中所使用的复合语句。

```
#include<stdio.h>              /*编译预处理命令*/
#include<conio.h>
int main()                     /*主函数 main()*/
{                              /*主函数开始*/
    int x;
    x=256;
    {                          /*复合语句*/
        int x=16;
        printf("x=%d\n",x);
    }
    printf("x=%d\n",x);
    _getch();
    return 0;
}
```

程序运行结果如图 3-1-3 所示。

图 3-1-3　程序运行结果

该程序运行结果中，"x=16" 中的 x 为复合语句中的 x，"x=256" 中的 x 为 main( ) 函数中的 x。

（3）空语句。

空语句中只有一个分号，程序执行空语句时不产生任何动作，可以用来表示延时，用户在编程过程中应谨慎使用空语句。空语句的示例如下。

```
{
for(i=1;i<=100;i++)
```

```
;
}
```

3. 基本单词

基本单词是构成 C 语句的最小单位，包括关键字（又称保留字）、标识符、常量、操作符和分隔符 5 种。

例如，在语句"int a,b;"中，"int"是关键字（代表变量 a、b 的数据类型是整数型），"a""b"是标识符（表示是变量），","";"是分隔符；在语句"s=PI*r*r;"和"C=2*PI*r;"中，"="*"*"是操作符，"2"是常量，PI 是符号常量；在语句"x+=6;"中，"x"是变量，"=""+"是操作符，"6"是常量。

【例 3-1-4】阅读以下程序，识别其中的基本单词。

```
#include<stdio.h>                              /*头文件 */
#include<conio.h>
int main()                                     /*主程序开始 */
{
    char a,b;                                  /*定义 a、b 为字符型变量 */
    printf("Please input,a b:\n");    /*原样输出字符 */
    scanf_s("%c,%c",&a,1,&b,1);     /*从键盘输入的字符 a、b 之间用逗号隔开，
1 是指输入的字符占 1 个字节 */
    printf("a=%c,b=%c\n",a,b);       /*按字符形式输出 a、b 的值 */
    _getch();
    return 0;
}
```

程序运行结果如图 3-1-4 所示。

图 3-1-4　程序运行结果

 小提示

调试程序过程中，输入多个数据时，应注意输入格式与 scanf_s( )

函数的参数设定一致，否则会出现错误。在实际交付用户使用的程序中，还应在程序运行界面中向用户做出明确的说明。

4. 程序特点

（1）C 程序是由函数组成的，一个 C 程序必须包含一个 main( ) 函数（即主函数），此外可以包含若干个其他函数，程序的全部工作由函数来完成。

（2）不论 main( ) 函数在什么位置，程序总是从 main( ) 函数开始执行。"{ }"括住的部分是函数体，在函数体中可以调用其他函数，其他函数之间也可以互相调用，最终返回主函数。

（3）程序的书写自由，一行可写多条语句，一条语句也可以根据一定规则分行书写。但是，最好是每一行书写一条语句。

（4）一般用小写字母编写语句，一条语句以分号结尾。例如，语句"int(x, y);""printf("please enter a number:") ;""a=a+b;"等。

（5）在每条 C 语句后用"/*…*/"表示注释，注释并不影响语句的功能，只起提示作用。如"/* 定义 a，b 为字符型常量 */""/* 编译预处理命令 */"等。

二、程序流程图

程序流程图是算法的图形表示法，它用图的形式代替了算法的细节，显示从开始到结束的整个流程。传统程序流程图符号如图 3-1-5 所示。

目前流行的程序流程图中，平行四边形被矩形取代，表示连接点的小圆形也被省略。目前流行的程序流程图如图 3-1-6 所示。

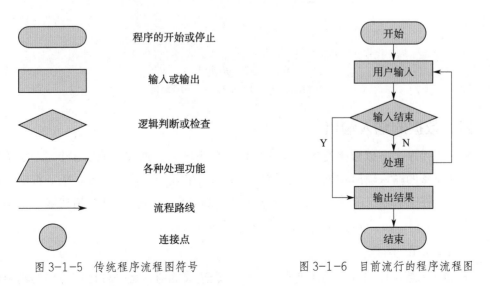

图 3-1-5　传统程序流程图符号　　　　图 3-1-6　目前流行的程序流程图

图 3-1-6 中所描述的是 C 语言常用的程序结构，根据输入是否结束，程序的流程分成两个不同的方向。由此可见，可以通过程序流程图体现算法的细节、逻辑判断，控制程序流程，让程序根据不同的情况执行相应的语句。

三、C 程序设计的基本结构

C 程序设计的基本结构有顺序结构、分支结构、循环结构 3 种。

1. 顺序结构

顺序结构是一种从上向下依次执行程序语句序列的线性结构，是最简单的 C 程序设计结构，即从第一个语句开始，顺序执行各个语句，直到所有的语句都执行完毕。顺序结构流程图如图 3-1-7a 所示。

2. 分支结构

分支结构是对一个问题给定的条件进行判断，根据判断结果来选择继续执行哪条语句。分支结构流程图如图 3-1-7b 所示。

3. 循环结构

循环结构比较复杂，是对给定的条件进行判断，根据判断结果，C 程序或者反复执行某一段语句（称为循环体），或者结束循环。循环结构流程图如图 3-1-7c 所示。

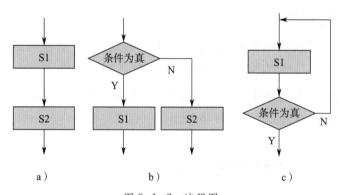

图 3-1-7　流程图

a）顺序结构　b）分支结构　c）循环结构

四、数据的输入输出

交互式程序大多以数据交换来完成，程序分为输入、处理、输出 3 个部分，在 C 语言中有完备的输入输出功能，其中使用较多的是格式输入输出函数、单字符输入输出函数、文件输入输出函数。本任务主要介绍 printf( )、scanf_s( ) 两个格式输入输出函数，和 getchar( )、putchar( ) 两个单字符输入输出函数。

1. printf( ) 函数

printf( ) 函数可以向屏幕输出变量、常量、表达式的值，是一种比较常用的输出函数，它是系统提供的库函数，函数声明包含于系统文件 stdio.h 中。在调用库函数中的 printf( ) 函数时，要先用编译预处理命令 #include<stdio.h> 或 #include"stdio.h"。

printf( ) 函数的调用形式如下。

```
printf(" 格式控制字符串 ", 输出项 1,…, 输出项 n);
```

printf( ) 函数可以将不同类型的数据按一定的格式输出，一个格式的说明必须由 "%" 开头，以一种格式控制字符结束。printf( ) 函数常用格式控制字符及其说明见表 3-1-1，printf( ) 函数附加格式字符及其说明见表 3-1-2。

表 3-1-1 printf( ) 函数常用格式控制字符及其说明

格式控制字符	说明
d	以十进制形式输出带符号整数（正数不输出符号）
o	以八进制形式输出无符号整数（不输出前缀 0）
x、X	以十六进制形式输出无符号整数（不输出前缀 0x）
u	以十进制形式输出无符号整数
f	以小数形式输出单、双精度实数
e、E	以指数形式输出单、双精度实数
g、G	以 %f 或 %e 中较短的输出宽度输出单、双精度实数
c	输出单个字符
s	输出字符串

表 3-1-2 printf( ) 函数附加格式字符及其说明

字符	说明
–	结果左对齐，右边填空格
+	输出符号（正号或负号）
空格	输出值为正时冠以空格，为负时冠以负号
#	对 c、s、d、u 类格式控制符输出结果时无影响；对 o 类格式控制符输出结果时加前缀 o；对 x 类格式控制符输出结果时加前缀 0x；对 e、g、f 类格式控制符输出结果时，当结果有小数时才给出小数点

【例 3-1-5】观察下列程序，注意 printf( ) 函数的使用。

```c
#include<stdio.h>
#include<conio.h>
int main()
{
```

```
    int n=8;
    int m=6;
    n*=m+=3;                              /*运算表达式*/
    printf("n=%d,m=%d\n",n,m);
    _getch();
    return 0;
}
```

程序运行结果如图 3-1-8 所示。

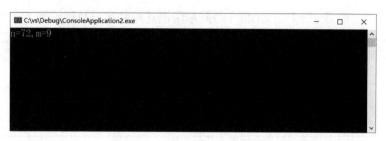

图 3-1-8　程序运行结果

2. scanf_s( ) 函数

与 printf( ) 函数相似，scanf_s( ) 函数是系统用于输入的库函数，函数声明同样包含于 stdio.h 系统文件中，能够从键盘上接收数据并且格式化赋给变量，读入内存。

scanf_s( ) 函数的一般调用形式如下。

scanf_s(" 格式控制字符串 ",& 输入项 1,…,& 输入项 n);

在输入单个字符（%c）或者字符串（%s）时，后面需要加上其长度（字节数 N），其调用形式如下。

scanf_s(" 格式控制字符串 ",& 输入项 1,N,…,& 输入项 n,N);

上式表示其中的"输入项 1"和"输入项 n"输入了单个字符（%c）或者字符串（%s）。

例如以下函数。

```
    scanf_s("%c",ch,1);                   /*变量 ch 是单个字符 */
    scanf_s("%s",ch,10);                  /*变量 ch 是字符串 */
    scanf_s("%c,%f",&c,1,&d);
    scanf_s("%c,%c",&a,1,&b,1);           /* 输入字符（1 是指输入的字符占 1 个字节）*/
```

【例 3-1-6】编写程序，把输入的华氏温度转换成摄氏温度并输出结果，要求结果取两位小数。华氏温度（f）转换成摄氏温度（c）的公式为"$c=(5/9)*(f-32)$"。

```
#include<stdio.h>
#include<conio.h>
int main()
{
    float c,f;
    printf("Please input the Fahrenheit temperature:\n");
    scanf_s("%f",&f);
    c=(5.0/9.0)*(f-32);
    printf("The Celsius temprature is %5.2f.\n",c);
    _getch();
    return 0;
}
```

调试并运行该源程序输入华氏温度 100，则显示摄氏温度为 37.78，程序运行结果如图 3-1-9 所示。

图 3-1-9　程序运行结果

使用 scanf_s( ) 函数时，应注意以下几点。

（1）scanf_s( ) 函数中没有精度控制，如语句"scanf_s("%7.2f", &a);"是非法的。不能用此语句指定输入小数为两位的实数。

（2）"&a"表示的是变量 a 的内存地址。scanf_s( ) 函数要求给出变量地址，如给出变量名则会出错。如语句"scanf_s("%d", a);"是非法的。

（3）输入多个数值数据时，若格式控制字符串中没有非格式字符做输入数据之间的间隔，则可用空格、Tab 键或回车键做间隔。C 程序编译时碰到空格、Tab 键、回车键或非法数据（如对"%d"输入"12A"时，A 为非法数据）即认为该数据结束。

（4）输入字符数据时，若格式控制字符串中无非格式字符，则认为所有输入的字符均为有效字符。

3. getchar( ) 和 putchar( ) 函数

getchar( ) 函数和 putchar( ) 函数是用于单个字符的输入和输出的函数，函数声明也存在于系统文件 stdio.h 里，调用时比 printf( ) 函数和 scanf_s( ) 函数更简捷。

getchar( ) 函数和 putchar( ) 函数调用形式如下。

```
getchar(ch);
```

```
putchar(ch);
```

其中，ch 可以是字符型常量、变量或整型变量。getchar( ) 函数只能接收单个字符，输入数字也按字符处理。输入多于一个字符时，getchar( ) 函数只接收第一个字符。

【例 3-1-7】运行以下程序，输入字符串 "watch"，观察屏幕输出的内容。

```c
#include<stdio.h>
#include<conio.h>
int main()
{
    char ch;
    ch=getchar();
    putchar(ch);
    _getch();
    return 0;
}
```

调试并运行该源程序，在键盘中输入字符串 "watch"，屏幕上只输出 "w"。程序运行结果如图 3-1-10 所示。

图 3-1-10 程序运行结果

任务实施

一、设计程序

（1）定义 a、b、c、d、e、f 共 6 个变量，分别表示 A、B、C、D、E、F 这 6 种商品的单价，即 "float a, b, c, d, e, f;"。

（2）定义 s1、s2、s3、s4、s5、s6 共 6 个变量，分别表示 A、B、C、D、E、F 这 6 种商品的总价，即 "float s1, s2, s3, s4, s5, s6;"。

（3）定义 n1、n2、n3、n4、n5、n6 共 6 个变量，分别表示 A、B、C、D、E、F 这 6 种商品的数量，即"int n1, n2, n3, n4, n5, n6;"。

（4）建立每种商品单价与总价的关系，即"每种商品总价 = 单价 * 数量 * 折扣"。例如，F 商品单价与总价的关系为"s6=f*n6*0.6;"。

（5）定义 S、P、C 这 3 个变量，分别表示商品总价、付款钱数和找零，且"C=P–S;"。

（6）先输入每种商品数量，每次输入之前均有文字提示信息输出。例如语句"printf("Please enter the number of item A:");"。

（7）一行输出一种商品的显示结果。例如使用语句"printf("A\t%5.2f\t%d\t100\t%5.2f\n", a, n1, s1);"，显示结果如下。

A　　　　10.50　　　　2　　100　　21.00

（8）程序运行后输出文字提示信息为"Please enter pay–in amount:"（请输入付款钱数）。

二、编写程序

```c
#include<stdio.h>
#include<conio.h>
int main()
{
    float a,b,c,d,e,f;
    float s1,s2,s3,s4,s5,s6;
    int n1,n2,n3,n4,n5,n6;
    float S,C,P;
    printf("Please enter the number of item A: ");
    scanf_s("%d",&n1);
    printf("Please enter the number of item B: ");
    scanf_s("%d",&n2);
    printf("Please enter the number of item C: ");
    scanf_s("%d",&n3);
    printf("Please enter the number of item D: ");
    scanf_s("%d",&n4);
    printf("Please enter the number of item E: ");
    scanf_s("%d",&n5);
    printf("Please enter the number of item F: ");
    scanf_s("%d",&n6);
    a=10.50;
    s1=n1*a;
```

```
        b=15.00;
        s2=n2*b;
        c=18.00;
        s3=n3*c;
        d=28.00;
        s4=n4*d;
        e=40.20;
        s5=n5*e;
        f=24.00;
        s6=n6*f*0.6;
        S=s1+s2+s3+s4+s5+s6;
        printf("A\t%5.2f\t%d\t100\t%5.2f\n",a,n1,s1);
        printf("B\t%5.2f\t%d\t100\t%5.2f\n",b,n2,s2);
        printf("C\t%5.2f\t%d\t100\t%5.2f\n",c,n3,s3);
        printf("D\t%5.2f\t%d\t100\t%5.2f\n",d,n4,s4);
        printf("E\t%5.2f\t%d\t100\t%5.2f\n",e,n5,s5);
        printf("F\t%5.2f\t%d\t60\t%5.2f\n",f,n6,s6);
        printf("total\t\t\t\t%5.2f\n",S);
        printf("Please enter pay-in amount: ");
        scanf_s("%f",&P);
        C=P-S;
        printf("change\t\t\t\t%5.2f\n",C);
        _getch();
        return 0;
}
```

三、调试运行

输入、修改源程序，通过调试运行，程序运行结果如图 3-1-11 所示。

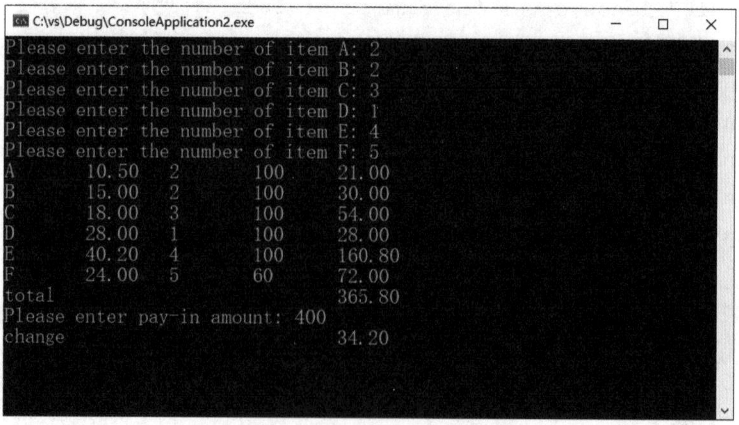

图 3-1-11　程序运行结果

小提示

  1. 有的 C 语言编程软件考虑到 printf( ) 和 scanf_s( ) 函数使用频繁，允许在使用这两个函数时不加"#include<stdio.h>"或"#include "stdio.h""。虽然程序中可以省略，但是不省略"#include<stdio.h>"（或"#include"stdio.h""）是 C 语言编程的好习惯。

  2. "%f"表示输出格式为实数类型，在 f 前加数字可以设定输出位数，例如："%5.2f"中"5"表示输出数字总位数是 5，其中小数点算一位，"2"表示小数点后面留两位。单价、总价等变量作为程序中的数据一定要定义为实数类型，如果定义成整型，将不能输出小点数后面的位数，导致结果不真实。

任务 2 判断正负数或 0——条件和分支结构程序的设计

  1. 能熟练使用 if 语句、if-else 语句编写条件选择程序。

  2. 能运用嵌套 if 语句编写程序。

  3. 能使用 switch 语句等编写多分支结构程序。

  所谓分支结构，和道路的岔路很相似。人们走到岔路口时，会根据不同的条件要求，选择不同的分岔行走。本任务要求对一个数是正数、负数还是 0 进行判断，即看到一个数后，如果判断它是正数，就显示"This number is greater than 0.（这个数字大于零。）"，如果判断它是负数，就显示 "This number is less than 0. （这个数字小于零。）"，如果判断它是 0，则显示 "This number is 0. （这个数字是零。）"。

本任务的具体要求是，用嵌套 if 语句编写程序，实现从键盘上输入一个整数，判断这个整数是正数、负数还是 0，并输出结果。

一、分支结构

分支结构是 C 语言 3 种基本结构之一，也是结构化程序设计必需的基本结构，分支结构程序主要使用流程控制语句（也称过程化语句）实现。主要的流程控制语句有 if 语句、if-else 语句、switch 语句以及条件表达式语句等。程序执行到选择结构时，首先进行条件判断，根据条件成立或不成立分别选择相应的语句执行。不管执行哪一个语句，执行结束后，控制语句都转移到同一个出口结束。分支结构流程图如图 3-2-1 所示。

【例 3-2-1】绘制算法流程图，给学生成绩分组，成绩较好的分到 A 组，成绩中等的分到 B 组，成绩较低的分到 C 组。成绩是百分制整数，A 组的成绩要达到 90 分以上，B 组的成绩要达到 70 分以上，C 组的成绩是 70 分及以下。

该问题的算法是首先把成绩通过键盘输入系统中，再判断成绩的等级。按成绩分组的算法流程图如图 3-2-2 所示。

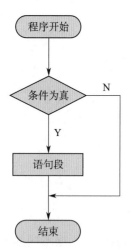

图 3-2-1　分支结构流程图

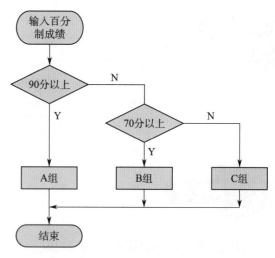

图 3-2-2　按成绩分组的算法流程图

if 语句是分支结构程序的主要实现方式，它根据给定的条件进行判断，以决定是否执行某个分支程序段。在 C 语言中，if 语句有 3 种基本形式，分别为简单的 if 语句、if-else 语句、嵌套 if-else 语句。

二、简单的 if 语句

1. if 语句的定义

if 语句是根据所给定的条件决定执行的操作，是"二选一"的分支结构语句，用于判断某些条件是否满足，若条件满足，则转移到 if 语句下的子程序段执行，否则向下顺序执行。

if 语句的一般形式如下。

```
if(表达式)
{
    语句；
}
```

if 语句的流程图如图 3-2-3 所示。

if 语句执行流程时，如果表达式的值为真（非 0），则执行其后的语句，否则不执行。if 语句中的表达式可以是任何能转化为数值的表达式，一般为逻辑表达式或关系表达式等，例如语句"if(i<100)""if(a∥b&c)""if(sizeof(int))""if((x<y)?(x+y):(x*y))"等。

【例 3-2-2】使用 if 语句编写程序，其功能是输入两个整数，判断两个数值的大小，并输出较大的数值。

利用 if 语句的分支功能，可以判断两个或多个数值的大小。首先，把较大的数值定义为 max，并赋值为 0；然后从键盘上输入两个数分别赋值给变量 x 和 y，再把 x 的值赋给 max，将 max 值与 y 进行比较，如果 y 大，将 y 赋值给 max；最后输出 max 值。输出较大数的 if 语句流程图如图 3-2-4 所示。

该程序的源程序如下。

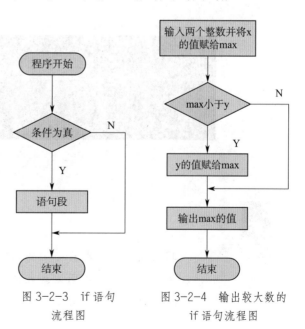

图 3-2-3　if 语句
流程图

图 3-2-4　输出较大的
if 语句流程图

```
#include<stdio.h>
#include<conio.h>
int main()
{
    int x,y;
    int max=0;
    printf("Please input two numbers:\n");
    scanf_s("%d,%d",&x,&y);              /*输入变量 x 和 y 的值，中间用逗号隔开 */
    printf("x=%d,y=%d\n",x,y);
    max=x;                               /*赋值 max 为 x*/
    if(max<y)                            /*判断 x 是否小于 y*/
    {
        max=y;                           /*如果 x 小于 y，则将 y 赋值给 max*/
    }
    printf("the bigger one is %d.\n",max);    /*输出较大值 */
    _getch();
    return 0;
}
```

程序第 8 行语句的功能是输入两个整型数据，并存储到变量 x 和 y 中，第 10 行语句是将其中一个变量赋值给变量 max，第 11 行 if 语句用于判断两个变量的大小。程序运行时由键盘输入数据，程序运行结果如图 3-2-5 所示。

图 3-2-5　程序运行结果

小提示

判断两个或多个数大小的问题是很常见的。由于 C 语言算法灵活、丰富，可以用不同方式表达。以后的例题中，会以不同方式来解决判断两个或多个数大小的问题，注意认真分析和归类。

【例 3-2-3】使用 if 语句编写程序，其功能是输入 3 个数，按由小到大的顺序输出。

该程序的算法是先设3个数为a、b、c，将a和b进行比较，如果a大于b，将a和b互换，b中存放的是较大的数，a中存放的是较小的数。然后a和c进行比较，如果a大于c，则将a和c交换，a中存放a和c中较小的数。此时a中存放着a、b、c中最小的数，即a<b且a<c。最后b和c进行比较，将最大的数存到c中，实现a<b<c后依次输出a、b、c。

该程序的源程序如下。

```c
#include<stdio.h>
#include<conio.h>
int main()
{
    float a,b,c,t;
    printf("Please input three numbers:");
    scanf_s("%f,%f,%f",&a,&b,&c);        /* 分别输入 3 个数, 用逗号隔开 */
    if(a>b)
    {
        t=a;
        a=b;
        b=t;                  /* 如果 a>b, 则交换 a 和 b 的值 */
    }
    if(a>c)
    {
        t=a;
        a=c;
        c=t;                  /* 如果 a>c, 则交换 a 和 c 的值, 此时 a 最小 */
    }
    if(b>c)
    {
        t=b;
        b=c;
        c=t;                  /* 如果 b>c, 则交换 b 和 c 的值, 此时 c 最大 */
    }
    printf("The order is %5.3f,%5.3f,%5.3f.",a,b,c);
    _getch();
    return 0;
}
```

调试并运行源程序后，依次输入2.50、101.56、4.311这3个数后，程序运行结果如图3-2-6所示。

图 3-2-6　程序运行结果

【例 3-2-4】某物流公司制定的邮费计费标准是：质量不超过 1 千克时基础邮费为 10 元，超过 1 千克后，超出的部分的价格为每 500 克 8 元。使用 if 语句编写程序计算邮费。

设 i 表示邮件的质量（以克为单位），j 表示邮费（以元为单位），当 i 超过 1000 时，程序会计算超出数的质量和费用，然后根据表达式计算最终邮费。

```c
#include<stdio.h>
#include<conio.h>
int main()
{
    float i,j;
    scanf_s("%f",&i);          /*输入邮件质量*/
    j=10.00;                   /*质量不超过 1000 克的邮费*/
    if(i>1000)                 /*如果质量大于 1000 克*/
    {
    j=j+8.00*(i-1000)/500;    /*计算邮费赋值给 j*/
    }
    printf("%8.2f\n",j);       /*输出最终邮费，总位数显示 8 位（含小数点），保留
小数点后两位（总位数不足的，在整数部分最高位前自动补空格）*/
    _getch();
    return 0;
}
```

调试并运行源程序后，输入 2300（即邮件质量为 2300 克）时程序运行结果如图 3-2-7 所示。

图 3-2-7　质量为 2300 克的邮件的邮费

以上程序是一个邮件计费，计费后退出。如果需要不退出程序继续给下一个邮件计费，可使用后面任务介绍的循环语句实现。

2. 设计 if 语句

设计 if 语句及其他分支结构语句时，应注意以下几个问题。

（1）正确选择条件或逻辑表达式作为分支的判断条件。

（2）根据需求绘制分支结构流程图。

（3）按流程图编写程序。

在 if 语句结构中，对 if 语句的设计不同，将对程序的正确逻辑顺序产生影响，同时也影响程序运行的效率。当 if 语句后的执行语句仅有一条时，可以省略大括号，此时执行语句可以放在"if（表达式）"语句的后面，也可以放在其下面。

例如以下 if 语句。

```
if(max<y)
{
    max=y;
}
```

其中，大括号可以省略，可以改写成以下语句。

```
if(max<y)
max=y;
```

但是，当 if 语句后的执行语句有多条时，大括号不可以省略。

例如以下语句中的大括号就不可省略。

```
if(a>b)
{
    t=a;
    a=b;
    b=t;
}
```

三、if-else 语句

if-else 语句又称多分支结构，是由关键字 if 和 else 构成的多分支结构语句。

if-else 语句的一般形式如下。

```
if(表达式)
  {
    语句1;
```

```
    }
else
    {
        语句 2;
    }
```

if-else 语句的执行规则是若表达式的值为真（非 0），则进入 if 分支，执行语句 1，然后跳过 else 分支，继续执行 else 分支之后的语句，否则进入 else 分支，执行语句 2。if-else 语句流程图如图 3-2-8 所示。

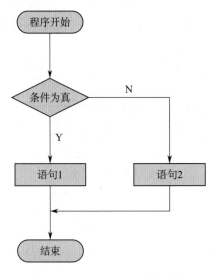

图 3-2-8　if-else 语句流程图

当语句 1 和语句 2 为单语句时可省略大括号，当有多条语句出现时必须加大括号。

【例 3-2-5】使用 if-else 语句编写程序，其功能是输入两个整数，比较其数值大小，输出较大的数。

该程序的算法是先设两个整数 a 和 b，如果 a 大于 b，那么 a 就是两个数中较大的数，否则 b 就是两个数中较大的数（两数相等时输出哪个数都可以，此时继续输出 b 不会有错误）。

```
#include<stdio.h>
#include<conio.h>
int main()
{
    int a,b;
    printf("Input two numbers:\n");
```

```
    scanf_s("%d,%d",&a,&b);
    if(a>b)
    {
        printf("max=%d\n",a);
    }
    else
        printf("max=%d\n",b);
    _getch();
    return 0;
}
```

程序运行结果如图 3-2-9 所示。

图 3-2-9　程序运行结果

【例 3-2-6】使用 if-else 语句编写程序，输入 3 个数，输出最大数。

该程序的算法是输入 3 个数，分别赋值给变量 a、b、c，比较 a 和 b，将其中较大的值赋给 t，再比较 t 和 c 并输出两者之间较大的数。

```
#include<stdio.h>
#include<conio.h>
int main()
{
    int a,b,c,t;
    scanf_s("%d,%d,%d",&a,&b,&c);
    if(a>b)                        /*先比较 a 和 b 的大小*/
    {
        t=a;                       /*如果 a 大，则把 a 的值赋给 t*/
    }
    else
        t=b;                       /*如果 b 大或 a、b 相等，则把 b 的值赋给 t*/
    if(t>c)                        /*再将 t 和 c 相比较*/
    {
        printf("The max one is %d.\n",t);    /*如果 t 大则输出 t 的值*/
```

```
    }
    else
        printf("The max one is %d.\n",c);    /* 如果 c 的值大或 t、c 相等，则
输出 c 的值 */
    _getch();
    return 0;
}
```

程序运行结果如图 3-2-10 所示。

图 3-2-10　程序运行结果

【例 3-2-7】使用 if-else 语句编写程序，从键盘输入无符号整型的年份数据，判断是否闰年，若是闰年，输出该年为闰年，若平年，则输出该年为平年。

判断闰年的方法是年份数（正整数）能被 4 整除但不能被 100 整除（用 % 求余运算，除以 4 余数为 0 即为能被 4 整除），或者年份数能被 400 整除，则该年为闰年，否则是平年。

```
#include<stdio.h>
#include<conio.h>
int main()
{
    unsigned int year=0;
    printf("Please enter the year:\n");
    scanf_s("%d",&year);
    if((0==year%4&&0!=year%100)||0==year%400)
        {
            printf("%d is a leap year!\n",year);
        }
    else
        {
            printf("%d is a common year!\n",year);
        }
    _getch();
```

```
        return 0;
    }
```

第 8 行 if 语句是通过逻辑运算符和关系运算符实现了对闰年和平年的判断，其中表达式 "0==year%4&&0!=year%100" 用于判断该年份是否被 4 整除但不被 100 整除，表达式 "0==year%400" 用于判断该年份是否被 400 整除。

调试并运行该程序，输入一个年份数后程序运行结果如图 3-2-11 所示。

图 3-2-11　程序运行结果

四、嵌套 if 语句

在 if 语句中包含一个或多个 if 语句称为嵌套 if 语句。嵌套 if 语句通常在较为复杂的多流分支结构中使用。

嵌套 if 语句的一般形式如下。

```
if(条件表达式 1)
{
  if(条件表达式 2)
  {
    语句 1;
  }
  else
  {
    语句 2;
  }
}
else
```

```
{
    语句 3;
}
```

嵌套 if 语句流程图如图 3-2-12 所示。

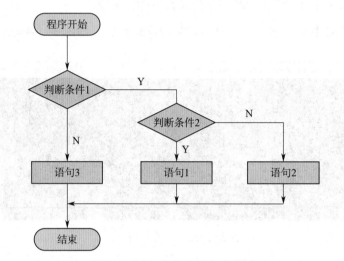

图 3-2-12　嵌套 if 语句流程图

【例 3-2-8】某校新生报到后，参加运动队的摸底测试。成绩在 60 分以上的学生允许参加，男生参加篮球队，女生参加健美操队。编写流程图，根据学生的成绩和性别，判断该同学可以参加何种运动队。

根据题目要求，首先输入测试成绩，判断成绩是否大于 60 分，如果是，程序继续执行，否则程序直接退出。然后判断大于 60 分的学生是否为男生，是则参加篮球队，不是则加入健美操队。

判断学生参加何种课外活动的流程图如图 3-2-13 所示。

具体程序读者可参照流程图自行编写。

五、switch 语句

switch 语句是多分支选择语句。

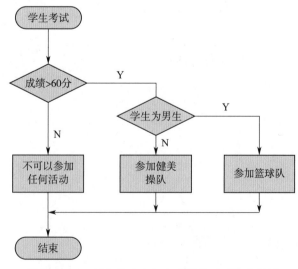

图 3-2-13　判断学生参加何种课外活动的流程图

switch 语句的一般形式如下。

```
switch(表达式)
{
    case 常量表达式 1:
        语句 1;
    break;
    case 常量表达式 2:
        语句 2;
    break;
        …
    case 常量表达式 n:
        语句 n;
        break;
    default:
        语句 (n+1);
}
```

　　switch 后面括号内的表达式的值必须是整数类型。当表达式值（判断条件）与某个 case 后的常量相同时，执行相应 case 分支语句，若无 break 语句，则一直向下执行后面所有的分支语句而不再判断 case 后的常量，直到所有 case 分支语句执行完毕或遇到 break 为止；若有 break 语句，则直接跳到 switch 结构的下一条语句执行，即 switch 结构的右大括号后面。通常情况下，如果不需要特殊的程序流程，对每个 case 分支都增加 break 语句即可。若所有的 case 分支中的常量表达式的值都没有与 switch 后面括号内表达式的值相等的，就执行 default 后面的语句。switch 语句流程图如图 3-2-14 所示。

　　【例 3-2-9】阅读下面程序，分析判断运算结果，并与上机运行结果进行比较。

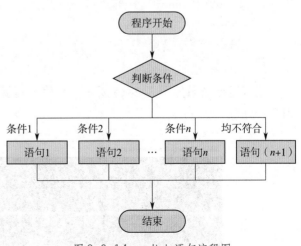

图 3-2-14　switch 语句流程图

```
#include<stdio.h>
#include<conio.h>
int main()
{
    int i,j,a,b;
    i=1;
    j=1;
    a=1;
    b=1;
    switch(i)
    {
    case 1:switch(j)
        {
            case 0:++a;
        break;
            case 1:++b;
        break;
        }
    case 2:a++;
        b++;
    break;
    case 3:a++;
        b++;
    break;
    default:printf("data error\n",a,b);     /*如果表达式的值不属于任何情况,
就执行default语句*/
    }
    printf("\na=%d,b=%d",a,b);
    _getch();
    return 0;
}
```

程序运行结果如图 3-2-15 所示。程序的运算过程请读者结合 swith 语句的执行规则自行分析。

图 3-2-15　程序运行结果

任务实施

一、设计程序

用语句"int x"定义整型变量 x，x 表示输入的整数。用语句"if(x>0)"判断 x 是否大于 0，用嵌套选择分支语句 if-else 控制流程，输出 x 的信息。注意嵌套选择分支语句 if-else 的用法。

二、编写程序

```c
#include<stdio.h>
#include<conio.h>
int main()
{
    int x;
    printf("Please enter an integer:\n");    /*输入一个整数*/
    scanf_s("%d",&x);
    if(x>0)
        {
            printf("This number is greater than 0.\n");
        }
    else
        if(x==0)
            {
                printf("This number is 0.\n");
            }
        else
            {
                printf("This number is less than 0.\n");
            }
    _getch();
    return 0;
}
```

三、调试运行

输入和修改源程序，调试运行。程序运行结果如图 3-2-16 所示。

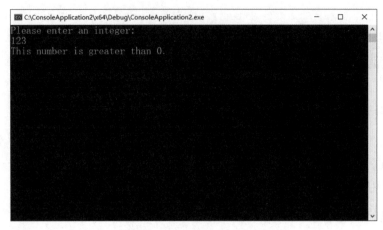

图 3-2-16　程序运行结果

在实际生活中，由于事件的复杂性，在使用 if 这样的分支结构时，首先要列出可能出现的选择方式，然后决定取舍并编写流程图，最后编写分支结构的 C 程序。例如外出旅行时，可以选择乘坐飞机、火车、长途汽车等，选择乘坐飞机时，又有多次航班、多种价格及多种线路的选择。

任务 3　打印九九乘法表——循环结构程序的设计

学习目标

1. 掌握 for 循环语句的结构。
2. 掌握 do-while 循环语句的结构。
3. 掌握 while 语句的结构。
4. 能应用循环语句编写循环结构程序。

任务描述

九九乘法表是中国人发明的用于快速计算乘法的口诀，早在春秋战国时期就已经被人们广泛使用。在小学阶段，背诵使用九九乘法表也是数学课中的必学内容。如需要编程输出打印九九乘法表，直接使用 printf( ) 函数逐个算式、逐行书写代码虽然可以实现，但手动输入 9 行共 45 个算式，显然是十分烦琐的。仔细观察九九乘法表可以发现，它有很强的规律性，即它的行数、乘号前后的两个数都是按一定规律递增。像这种大量而重复的工作，恰恰是计算机程序最擅长解决的问题。输出九九乘法表这个问题，用循环结构设计程序就可以快速完成。循环结构主要通过 for、do-while、while 等语句实现。

本任务的具体要求是用 for 循环语句编写程序，应用 for 循环语句控制行输出和列输出，使用 printf( ) 函数输出控制格式，实现行列对齐，将如下九九乘法表输出到屏幕上。

1*1=1

1*2=2　2*2=4

1*3=3　2*3=6　3*3=9

1*4=4　2*4=8　3*4=12　4*4=16

1*5=5　2*5=10　3*5=15　4*5=20　5*5=25

1*6=6　2*6=12　3*6=18　4*6=24　5*6=30　6*6=36

1*7=7　2*7=14　3*7=21　4*7=28　5*7=35　6*7=42　7*7=49

1*8=8　2*8=16　3*8=24　4*8=32　5*8=40　6*8=48　7*8=56　8*8=64

1*9=9　2*9=18　3*9=27　4*9=36　5*9=45　6*9=54　7*9=63　8*9=72　9*9=81

相关知识

一、循环结构

循环结构是 C 语言 3 种基本结构之一，是结构化程序设计中最重要的结构，它的主要功能是重复执行某些语句，解决程序中实现重复循环的问题。通常将重复执行的语句称为循环体，循环体的循环要在一定条件下终止。循环结构流程图如图 3-3-1 所示。

C 语言中提供 4 种循环，即 goto 循环、while 循环、do-while 循环和 for 循环。4 种循环可以用来处理同一

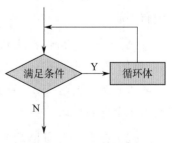

图 3-3-1　循环结构流程图

问题，通常情况下它们可以互相替换，但最好不要使用 goto 循环，因为强制改变程序的顺序经常会给程序的运行带来不可预知的错误。本书主要介绍 for 循环、while 循环、

do-while 循环这 3 种循环结构。

二、循环语句

1. for 循环语句

for 循环语句的使用最为灵活，既可以用于循环次数已经确定的情况，又可以用于循环次数不确定只给出循环结束条件的情况。

for 循环语句的一般形式如下。

for(表达式 1; 表达式 2; 表达式 3)

语句；

其中，表达式 1 是初始表达式，用来给循环变量赋初值，一般是赋值表达式。也允许在 for 语句外给循环变量赋初值，此时在 for 循环语句中可以省略该表达式。

表达式 2 是循环控制表达式，是循环条件，一般为关系表达式或逻辑表达式。

表达式 3 是循环赋值表达式，用来修改循环变量的值，一般是赋值表达式。

这 3 个表达式都可以是逗号表达式，即每个表达式都可由多个表达式组成。一般形式中的"语句"即为循环体。

for 循环语句的语义如下。

（1）计算表达式 1 的值。

（2）计算表达式 2 的值，若值为真（非 0）则执行循环体一次，否则跳出循环。

（3）循环体执行结束后，再执行表达式 3，修改循环变量，转回第 2 步重复执行。在整个 for 循环过程中，表达式 1 只计算一次，表达式 2 和表达式 3 则可能计算多次。循环体可能多次执行，也可能一次都不执行。

for 循环语句流程图如图 3-3-2 所示。

使用 for 循环语句时，要注意以下几点。

（1）for 循环语句中的各表达式都可省略，但分号间隔符不能少。

例如语句 "for(; 表达式 ; 表达式)" 省去了表达式 1。语句 "for(表达式 ;; 表达式)" 省去了表达式 2。语句 "for(表达式 ; 表达式 ;)" 省去了表达式 3。语句 "for(;;)" 省去了全部表达式。

（2）在循环变量已赋初值时，可省去表达式 1，如省去表达式 2 或表达式 3 则将造成无限循环，这时必须在循环体内添加 break 语句或 exit 语句，以强制结束循环。

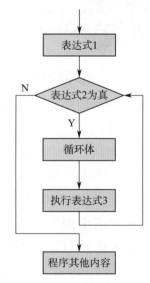

图 3-3-2　for 循环语句流程图

（3）循环体可以是空语句。

【例 3-3-1】阅读下列程序，该程序的功能是输入字符串，以回车结束，然后输出该字符串的字符个数。指出该程序省去了哪个表达式，分析循环体为什么是空语句，上机运行程序，输出结果。

```c
#include<stdio.h>
#include<conio.h>
int main()
{
    int n=0;
    printf("Input a string:\n");
    for(;getchar()!='\n';n++)
            ;
    printf("The number of characters: %d",n);
    _getch();
    return 0;
}
```

程序运行结果如图 3-3-3 所示。

图 3-3-3　程序运行结果

上例程序中 for 循环语句的循环体是空语句。程序中省去了 for 循环语句的表达式 1，表达式 3 也不是用来修改循环变量，而是用作输入字符的计数。这样就把本应在循环体中完成的计数程序放在表达式中完成了，因此循环体是空语句。

 小提示

　　for 语句循环体为空语句时，空语句的分号不可少，如缺少此分号，则把后面的 printf 语句当成循环体来执行。反过来说，如循环体不为空语句时，绝不能在 for 语句表达式的括号后加分号，否则会认为循环体是空语句，这是编程中常见的错误。

2. for 循环语句的应用

【例 3-3-2】应用 for 循环语句编写程序，求 1 至 100 自然数之和。

```
#include<stdio.h>
#include<conio.h>
int main()
{
    int n,s=0;
    for(n=1;n<=100;n++)      /*用 for 语句计算 s=1+2+3+…+99+100*/
    s=s+n;
    printf("\n1+2+3+…+99+100=%d\n",s);
    _getch();
    return 0;
}
```

程序运行结果如图 3-3-4 所示。

图 3-3-4　程序运行结果

3. while 循环语句

while 循环语句的特点是先判断循环条件，再根据条件决定是否执行循环体操作。

while 循环语句的一般形式如下。

while（表达式）

循环体 ;

格式中的循环体可以是单个语句、空语句，也可以是复合语句。例如，以下输出数字 0 到 9 的语句中，循环体为复合语句。

```
i=0;                    /* 循环变量需要在循环之前赋初值 */
while(i<10)
{
    printf("%d",i);
    i++;                /* 循环变量需要在循环体中修改 */
}
```

while 循环语句流程图如图 3-3-5 所示。

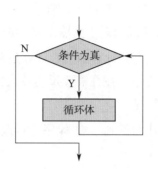

图 3-3-5 while 循环语句流程图

4. while 循环语句的应用

while 循环语句中的表达式一般是关系表达式或逻辑表达式，只要表达式的值为真（非 0），即可继续循环。

【例 3-3-3】应用 while 循环语句编写程序，输入一个正整数，正整数是几，就输出几个偶数，偶数从 0 开始，由小到大排列。

```c
#include<stdio.h>
#include<conio.h>
int main()
{
    int n,s=0;
    printf("\n Input n:");
    scanf_s("%d",&n);
    while(n--)
    printf("%d\n",s++*2);
    _getch();
    return 0;
}
```

程序运行结果如图 3-3-6 所示。

图 3-3-6 程序运行结果

本例程序将执行 n 次循环，每执行一次，n 值减 1。循环条件表达式"n--"等效于先根据 n 的值判断循环是否继续（若 n 非 0 则循环继续），然后 n 值减 1。循环体输出表达式"s++*2"的值，该表达式等效于先输出 s*2 的值，然后 s 值加 1。

前面任务中的几个程序示例（如计算邮费、计算是否为闰年等），执行一次程序功能之后程序即结束。在实际使用中，往往需要反复多次执行程序功能。这时利用 while 循环语句对程序稍加改动即可实现。

【例 3-3-4】对【例 3-2-4】计算邮费的程序进行改造，实现程序功能反复执行，直至用户输入 0 时停止。

修改后的程序如下。

```c
#include<stdio.h>
#include<conio.h>
int main()
{
    float i,j;
    while(1)
    {
        scanf_s("%f",&i);              /*输入邮件质量*/
        if(i==0)                       /*邮件质量为 0*/
        break;                         /*跳出循环*/
        j=10.00;                       /*质量不超过 1000 克的邮费*/
        if(i>1000)                     /*如果质量大于 1000 克*/
        {
            j=j+8.00*(i-1000)/500;     /*计算邮费赋值给 j*/
        }
        printf("%8.2f\n",j);           /*输出最终邮费，保留小数点后两位*/
    }
    _getch();
    return 0;
}
```

程序运行结果如图 3-3-7 所示。

图 3-3-7　程序运行结果

使用 while 循环语句时，要注意循环条件的选择，以避免死循环。

【例 3-3-5】说明下列程序形成死循环的原因。

```c
#include<stdio.h>
#include<conio.h>
int main()
{
    int n=0,s;
    while(s=5)
    printf("%d\n",n++);
    _getch();
    return 0;
}
```

程序运行过程中的截图如图 3-3-8 所示。

图 3-3-8　程序运行过程中的截图

本例中 while 循环语句的循环条件是赋值表达式 s=5，该表达式的值永远为真，循环体中也没有终止循环的手段或条件，因此该循环将无休止地进行下去，形成死循环。

while 循环语句的循环体中允许包含 while 循环语句，从而形成双重循环。

5. do-while 循环语句

do-while 循环语句的执行特点是先执行循环体，然后判断条件，根据条件决定是否继续执行循环。do-while 循环语句的循环体至少要执行一次。

do-while 循环语句的一般形式如下。

```
do
循环体
while(表达式);
```

例如以下语句。

```
do
{
    printf("%d",i);
}
while(i++);
```

do-while 循环语句的流程图如图 3-3-9 所示。

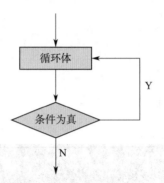

图 3-3-9 do-while 循环语句的流程图

do-while 循环语句和 while 循环语句的区别在于，do-while 循环语句是先执行后判断，因此 do-while 循环语句至少要执行一次循环体，while 循环语句是先判断后执行，如果条件不满足，一次循环体语句也不执行。

while 循环语句和 do-while 循环语句可以相互改写。

对于 do-while 循环语句，还应注意以下几点。

（1）在 for 循环语句、while 循环语句中，表达式后面都不能加分号，在 do-while 循环语句的表达式后面则必须加分号。

（2）do-while 循环语句也可以组成多重循环，而且也可以和 while 循环语句相互嵌套。

（3）如果 do 和 while 之间的循环体由多个语句组成，也必须用"{ }"括起来，组成一个复合语句。

（4）do-while 和 while 循环语句相互替换时，要注意修改循环控制条件。

6. do-while 循环语句的应用

【例 3-3-6】分析下列程序，给出运行结果，并与上机运行结果相比较。

```
#include<stdio.h>
#include<conio.h>
```

```
int main()
{
    int x=3;
    do
        printf("%d\n",x-=2);
    while(!(--x));
    printf("%d\n",x-=2);
    _getch();
    return 0;
}
```

循环体的输出语句中，先执行"x-=2"，然后输出 x 的值，此时 x 的值为 1。在判断循环条件"!(--x)"时，首先 x 的值减 1，循环判断条件变为 !0。既然 0 表示假，则 !0 表示真，循环继续，此时 x 值为 0。继续执行循环体的输出语句，执行"x-=2"之后，x 值为 -2。循环条件"!(--x)"不成立，停止循环，x 值为 -3。执行最后一句"printf("%d\n", x-=2);"输出 x 值 -5。

程序运行结果如图 3-3-10 所示。

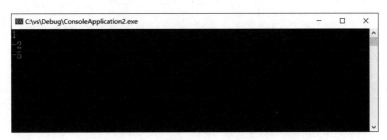

图 3-3-10　程序运行结果

for 循环语句也可与 while 语句、do-while 循环语句相互嵌套，构成多重循环。以下都是合法的嵌套。

```
1)
for()
{
...
    while()
      {
      ...
      }
    ...
}
```

```
2)
do
{
    ...
    for()
      {
      ...
      }
    ...
}
while();
...
3)
while()
  {
    ...
    for()
      {
      ...
      }
    ...
  }
4)
for()
{
    ...
    for()
    {
        ...
    }
}
```

一、设计程序

应用 for 循环语句，采用双层嵌套循环结构，外层循环控制行输出及换行，即使用语句 "for(i=1; i<=9; i++)…printf("\n");"，内层循环控制列输出，即使用语句 "for(j=1; j<=i; j++)…printf("%d*%d=%-3d", j, i, i*j);"。将 i 作为内层循环的控制参量，控制列输

出的算式个数总是小于等于当前的行数。程序中需要使用 printf 语句控制输出格式。程序输出"i*j="格式的等式，实现了九九乘法表的效果，使用"%-3d"格式输出乘积，实现行列对齐的效果。

二、编写程序

```
#include<stdio.h>
#include<conio.h>
int main()
{
    int i=0,j=0;
    for(i=1;i<=9;i++)
    {
        for(j=1;j<=i;j++)
        {
            printf("%d*%d=%-3d",j,i,i*j);
        }
        printf("\n");
    }
    _getch();
    return 0;
}
```

三、调试运行

在编辑窗口中输入和修改 C 语言源程序，调试运行，程序运行结果如图 3-3-11 所示。

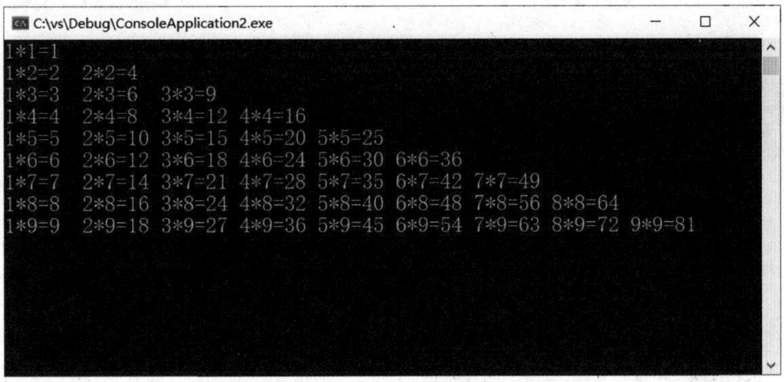

图 3-3-11　程序运行结果

小提示

1. 使用循环语句时，在循环体内应包含使循环趋于结束的语句（即循环变量值的改变），否则循环体可能成为死循环，产生死循环是初学者常犯的错误。

2. 利用 printf 语句的不同参数可控制行列对齐效果，如 "%3d" 表示按 3 个字符位来输出数字，右对齐，不足 3 位时在前补空格；"%-3d" 表示输出的数字为左对齐，不足 3 位时在后补空格；"%03d" 表示输出的数字为右对齐，不足 3 位时在前补 0。

3. 顺序结构、分支结构和循环结构并不彼此孤立，在循环结构中可以有分支结构、顺序结构，分支结构中也可以有循环结构、顺序结构。在编写程序过程中需结合这 3 种结构的特性设计各种算法，写出相应程序。

在学习中可以把 while 循环例题的程序用 for 循环语句重新编写，从而能更好地理解它们的作用。

任务 4　输出 4×4 矩阵——数组的使用

1. 理解一维数组、二维数组的基本概念。

2. 掌握数组类型变量的定义与引用。

3. 掌握数组元素的引用。

4. 能运用数组编写程序。

任务描述

　　某公司要将全体员工的月薪发放信息建立电子档案，如果只有 5 名员工，可以使用 5 个同类型变量。例如使用语句"int mark0, mark1, mark2, mark3, mark4;"定义 5 个整型变量，可以存放 5 名员工的信息，如果是几百人、几千人甚至几万人的大公司，则不可能这么一直写下去。在实际程序设计和代码编写中，经常会用到大批同类型数据，处理这些数据要占用一大片连续内存空间，于是数组应运而生。用 C 语言提供的数组这一数据结构，可以很方便地解决大批同类型数据处理问题，这里的数据结构，可理解为数据的存放和管理方式。学习数组要思路清晰，循序渐进。本任务要求了解一维数组、二维数组的基本概念，掌握数组类型变量的定义与引用，掌握数组元素的引用。

　　本任务的具体要求为某班级一个学习小组 4 人，共同参加 4 门考试。编写程序，输入每名学生 4 门课程的成绩，输出小组每门课的平均成绩。

相关知识

　　数组是一些具有相同数据类型（如整数型、实数型、字符型等）的变量的有序集合。其特点是变量数量固定、元素数据类型相同。

　　和普通变量一样，声明一个数组时，编译器为数组分配内存存储空间，数组占据的内存空间是连续的，因此，很容易计算数组占据的内存大小和每个元素对应的内存首地址。所谓内存首地址就是用于存放每个元素的内存空间中第一个字节的内存地址。知道元素内存首地址和元素占据内存的大小，计算机才可以计算出该元素所占据的内存空间，才可以正确访问该元素。对于不同数据类型的数组，元素所占据的内存大小也不同，通常用 sizeof 运算符计算特定类型元素所占据的内存大小。例如，在某计算机上，对一个大小为 N，类型为 short 的数组，占据的内存大小可用表达式"N*sizeof(short)=N*2"表示。

　　如果第 1 个元素在内存中的地址为 p，那么第 M 个元素（M 不大于 N）在内存中的地址可表示为表达式"p+(M−1)*sizeof(short)"。

　　常用的数组种类有一维数组、二维数组和三维数组等。其中一维数组用单下标表示，二维数组用双下标表示。本任务将重点介绍一维数组和二维数组。

一、一维数组

一维数组是用以存储一维数列中数据的集合。一维数组也称向量，用以组织具有一维顺序关系的一组同类型数据。

1. 一维数组的定义

一维数组定义的一般形式如下。

类型说明符　数组名　[常量表达式]；

其中，"类型说明符"表示数组中所有元素的类型，可以是任意一种简单类型、构造类型或指针。"数组标识符"表示这个数组型变量的名称，也称数组名，命名规则与变量名一致（由字母、数字、下划线组成，但是必须是以字母或者是下划线开头）。中括号（方括号）"[ ]"是数组标志，同时也是数组的重要组成部分，不能缺少。

"常量表达式"是中括号内的表达式，必须是正的整型常量表达式，通常是一个整型常量。常量表达式定义了数组中存放的数据元素的个数，即数组长度。如表达式"a[5]"中的 5 表示数组中有 5 个元素，下标从 0 开始，到 4 结束。

例如，定义一个一维数组可使用语句"int a[5];"，该代码中的 int 表示数组元素的类型，a 表示数组名，中括号中的 5 表示数组中包含的元素个数。在数组 a[5] 中只能引用 a[0]、a[1]、a[2]、a[3]、a[4] 而不能使用 a[5]，若使用 a[5] 会出现下标越界的错误。

【例 3-4-1】使用一维数组编写程序，顺序输入数据，将数据逆序存储于数组中，并输出数组数据。

```c
#include<stdio.h>
#include<conio.h>
int main()
{
    int a[5];
    int b;
    int c;                          /*定义数组及变量为基本整型 */
    printf("Please enter 5 elements of the array:\n");
    for(b=0;b<5;b++)                /*逐个输入数组元素 */
    {
        scanf_s("%d",&a[b]);
    }
    printf("The elements of the array are\n");
    for(b=0;b<5;b++)                /* 显示数组中的元素 */
    {
        printf("%d ",a[b]);
    }
```

```
      printf("\n");
      for(b=0;b<2;b++)                   /* 将数组中元素的前后位置互换 */
      {
          c=a[b];                        /* 元素位置互换的过程借助中间变量 c*/
          a[b]=a[4-b];
          a[4-b]=c;
      }
      printf("The array has been converted to\n");
      for(b=0;b<5;b++)                   /* 将转换后的数组再次输出 */
      {
          printf("%d ",a[b]);
      }
      printf("\n");
      _getch();
      return 0;
}
```

程序运行结果如图 3-4-1 所示。

图 3-4-1 程序运行结果

在本例中，先利用数组 a[5] 存放输入的 5 个数，再借助中间变量，将数组中元素
的前后位置互换。变量 b 是循环控制变量，通过改变 b 的值，逐个访问数组的各个元
素。一维数组的特点之一就是方便顺序访问，如本例中通过 for 循环结构，方便地访问
数组的各个元素。中间变量 c 用于交换两个元素的位置。

2. 一维数组的初始化

初始化数组是在定义数组变量的同时给其中的数组元素赋值。

一维数组初始化的一般形式如下。

类型说明符 数组名 [常量表达式]={值 1，值 2，…，值 n}；

定义数组时可直接对全部的数组元素赋初值，即全部初始化。

例如，初始化一维数组 a 的语句如下。

```
int a[6]={1,2,3,4,5,6};
```

该语句是将数组中的元素值依次放在一对大括号中，每个值之间用逗号分隔。经过定义和初始化之后，数组中的元素为 a[0]=1，a[1]=2，a[2]=3，a[3]=4，a[4]=5，a[5]=6。

【例 3-4-2】某 6 名学生的考试成绩分别是 65、67、96、87、75、45 分。使用数组编写程序，计算 6 名学生的平均成绩。

```
#include<stdio.h>                        /*使用 printf 要包含的头文件*/
#include<conio.h>
int main()                               /*主函数*/
{
    int score[6]={65,67,96,87,75,45};    /*声明一个 int 型数组 score，其大小
为 6，用初始化表达式为其初始化*/
    int i,sum=0;                         /*声明 int 变量，用以计算总分*/
    double averagescore;
    for(i=0;i<6;i++)                     /*循环，依次读入 6 名学生的成绩*/
    {
        sum+=score[i];                   /*总成绩累加*/
    }
    averagescore=sum/6.0;                /*计算平均成绩*/
    printf("Grade point average:%.1f",averagescore);  /*平均成绩输出*/
    _getch();                            /*等待，按任意键结束*/
    return 0;
}
```

程序运行结果如图 3-4-2 所示。

图 3-4-2　程序运行结果

 小提示

在创建数组的同时使用初始化表达式为元素初始化是良好的习

惯，可以有效地减少各种错误，避免潜在的安全隐患。没有对数组元素初始化，采用键盘输入为数组元素赋值，似乎问题不大，但是当对代码进行修改，不小心在赋值前使用了数组元素时，由于没有初始化，内存单元内容不确定，程序输出的结果往往是不可预料的。

二、二维数组

一维数组常被称为向量，如果把一维数组理解为一行数据，那么，二维数组可形象地理解为具有行列结构的数据。

图 3-4-3 中的数组表示一个大小为 M+1 的一维数组，图 3-4-4 中的数组表示一个大小为（M+1）*（N+1）的二维数组。

| A[0][0] | A[0][1] | --- | A[0][N] |
A[1][0]	A[1][1]	---	A[1][N]
A[M][0]	A[M][1]	---	A[M][N]

| A[0] | A[1] | --- | A[M] |

图 3-4-3　一维数组　　　　　　　　　　　　图 3-4-4　二维数组

1. 二维数组的定义

二维数组的定义和一维数组类似，只是比一维数组多了一个常量表达式。

二维数组定义的一般形式如下。

数据类型说明符　数组名　[常量表达式 1][常量表达式 2];

其中"常量表达式 1"表示第一维下标的长度，"常量表达式 2"表示第二维下标的长度。对于二维数组 array [n][m]，其行下标的取值范围 0 ~ n-1，其列下标的取值范围 0 ~ m-1，该二维数组最大下标元素是 array [n-1][m-1]。

例如，定义一个 3 行 4 列的整型数组可使用语句"int array [3][4];"，其中 array 是数组名，数组变量类型是整型，数组中变量共有 12 个，即如下所示 3 行 4 列的数列。

array[0][0]，array[0][1]，array[0][2]，array[0][3];

array[1][0]，array[1][1]，array[1][2]，array[1][3];

array[2][0]，array[2][1]，array[2][2]，array[2][3]。

在 C 语言中，二维数组一般是按行排列的，即按行顺次存放，先存放 array[0] 行，再存放 array[1] 行。每行中的元素也是依次存放的。

2. 二维数组的引用

与一维数组相同，定义了二维数组后就可以用它存储数据、管理数据。二维数组的元素也称为双下标变量。

引用二维数组元素的一般形式如下。

数组名　[下标][下标]；

下标可以是整型常量或整型表达式，例如，对一个二维数组的元素进行引用可使用表达式"a [1][2]"。

3. 二维数组的初始化

二维数组同样可以在声明时利用初始值表进行元素的初始化，例如语句"int num [2][3]={1, 2, 3, 4, 5, 6};"。

二维数组还可以在初始化表达式中，加内层大括号代表一行，例如语句"int num [2][3]={{1, 2, 3}, {4, 5, 6}};"。

此外，二维数组可对部分元素进行初始化，例如语句"int num[2][3]={{1}, {2}};"等价于语句"int num[2][3]={{1, 0, 0}, {2, 0, 0}};"。

将一个二维数组中全部元素初始化为 0 的最简单的方式是使用语句"int num[2][3]= {0};"。

当声明语句中提供全部元素的初始值时，第 1 维的大小可以缺省，例如语句"int sz[ ][4]={{1, 2, 3, 4}, {5, 6, 7, 8}, {9, 10, 11, 12}};"。

在定义数组的同时对其进行初始化，初始值表中的初值个数要少于或等于数组的长度。当初值个数少于数组的长度时，一维数组只能初始化前几个元素，二维数组的初始化可跳过某些中间元素，给后面的元素赋值。数组元素在内存中是连续排列的，对二维和更高维的方式，数组元素仍然是线性连续排列的，不同下标的关系类似于数字的不同位数，最左边的下标变化最慢，最右边的下标变化最快，理解数组的内存模型有利于写出高质量的代码。

【例 3-4-3】下面是一个 4×4 的矩阵，利用二维数组编写程序，输出这个矩阵，再计算和输出从左上到右下的对角线上元素之和。

1	2	3	4
5	6	7	8
9	10	11	12
13	14	15	16

源程序如下。

```
#include<stdio.h>
#include<conio.h>
int main()
{
    int i,j,sum;                        /*定义整型变量*/
    int a[4][4]={{1,2,3,4},{5,6,7,8},{9,10,11,12},{13,14,15,16}};
                                        /*定义整型二维数组，并对其初始化*/
    sum=0;                              /* 为整型变量赋初值*/
    printf("This array is\n");          /*输出提示信息*/
    for(i=0;i<4;i++)                    /*循环嵌套输出对角线之和*/
    {
        for(j=0;j<4;j++)
        {
            printf("%5d",a[i][j]);      /*列宽为5、右对齐输出*/
            if(i==j)
                sum=sum+a[i][j];
        }
        printf("\n");
    }
    printf("The sum of the diagonal elements is %d.\n",sum);
    _getch();
    return 0;
}
```

程序运行结果如图 3-4-5 所示。

图 3-4-5 程序运行结果

上例源程序中，a[4] [4] 是二维数组。程序利用循环嵌套，可以方便地访问二维数组中的每个元素。判断条件"i==j"是关键，可以判断当前访问的元素是否为对角线元素。语句"printf("%5d", a[i] [j]);"中的"%5d"是指输出的字符列宽为5、右对齐。

一、设计程序

（1）定义一个 int 型二维数组，大小为 4 行 4 列，语句"int score[4] [4]={0};"分别表示 4 名学生 4 科课程的成绩。

（2）定义两个 double 型一维数组，大小都为 4，分别用于存储总分和平均分，使用的语句为"double sum[4]={0.0}, average[4]={0.0};"。

（3）应用 for 循环语句，依次读入 4 名学生的成绩，即使用语句"for(j=0; j<4; j++)""for(i=0; i<4; i++)""scanf_s("%d", &score[i] [j]);"。

（4）使用语句"sum[j]+=score[i] [j];"对总成绩进行累加。

（5）使用语句"average[k]=sum[k]/4.0;"计算平均成绩。

（6）使用语句"printf("%g", average[k]);"以"%g"的格式输出结果。

二、编写程序

```c
#include<stdio.h>                        /* 使用 printf 要包含的头文件 */
#include<conio.h>
int main()                               /* 主函数 */
{
    int score[4][4]={0};      /* 声明一个 int 型二维数组 score，大小为 4*4，全部
初始化为 0*/
    int i,j,k;
    double sum[4]={0.0},average[4]={0.0};   /* 声明两个 double 型一维数组
sum 和 average，大小都为 4，分别用于存储总分和平均分 */
    printf("Please input the 4 results for each student:\n");
                                         /* 输出提示信息 */
    for(i=0;i<4;i++)                     /* 循环，依次读入 4 名学生的成绩 */
        for(j=0;j<4;j++)
        {
            scanf_s("%d",&score[i][j]);   /* 读取输入 */
            sum[j]+=score[i][j];          /* 总成绩累加 */
        }
    printf("Grade point average:");
    for(k=0;k<4;k++)
        {
            average[k]=sum[k]/4.0;        /* 计算平均成绩 */
```

```
        printf("%g ",average[k]);
    }
    _getch();
    return 0;
}
```

三、调试运行

在编辑窗口中输入和修改源程序，调试运行，输入小组里4人的4科成绩，程序运行结果如图3-4-6所示。

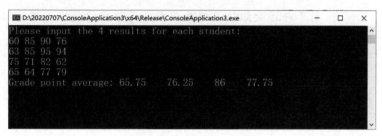

图3-4-6 程序运行结果

 小提示

1. 数组对应着一片内存区域，从较高层次上看，数组可以看成是一个特殊的大变量。在C语言中同类型的变量之间可以相互赋值，可以比较大小，可以做运算，但数组不可以进行这些操作。即使是同类型、同样大小的数组，下列操作也是非法的。

（1）用一个已经初始化的数组对另一个数组赋值

例如以下写法是非法的。

```
int x[3]={7,8,9};
int y[3];
y=x;                /* 错误 */
```

（2）对数组进行整体输入输出

函数 printf( ) 和函数 scanf_s( ) 不支持对普通数组进行整体输入输出，必须以元素为单位进行操作。

（3）对数组进行比较

例如以下写法是非法的。

```
int x[3]={1,2,3};
int y[3]={4,5,6};
if(x<y)              /*错误*/
```

（4）对数组进行整体运算

例如以下写法是非法的。

```
int x[5]={5,6,7,8,9};
int y[5]={2,3,4,5,6};
x+=y;                /*错误，其他运算也是不允许的 */
```

2. 对于一维数组、二维数组或更高维度的数组，都不要出现下标越界错误。

任务 5 设计"计算器"——函数的使用

学习目标

1. 熟练掌握函数的定义和调用，能使用函数嵌套调用和递归调用编写程序。
2. 能正确使用形式参数和实际参数。
3. 理解内部函数和外部函数的概念。
4. 掌握返回语句的用法。
5. 了解库函数的应用。

任务描述

数学计算涉及公式或函数，数学中的函数是指对任何一个变量 x，都有一个 y 值与之对应，例如 "y=x+1"。在 C 语言中，函数有更重要的意义，它不仅能计算，而且是程序的基本组成单位。本任务调用自定义函数设计"计算器"，展示、体现 C 语言中函数的功能及其应用。本任务承载着 C 语言学习的重点，从函数的概念、定义入手，通过实例深入学习函数的调用与返回、函数的参数传递机制；应用函数解决实际问题，进一步学习模块化编程的方法。

本任务的具体要求为编写一个"计算器"程序，调用自定义函数，实现分数的加、减、乘、除 4 种运算，测试并输出 "$\frac{7}{10} \times \frac{5}{6}$" 的值。

一、函数

1. 函数的概念

函数是 C 程序的基本组成部分，完整的 C 程序由一个或多个函数组成。可以将函数视为具备实现 C 语言某种功能的模块，C 语言也可称为函数式语言。

【例 3-5-1】编写程序，应用函数，在屏幕上显示 "Understanding the concept of function"（理解函数的概念）。

```c
#include<stdio.h>          /* 基本输入输出头文件，包含 printf() 函数 */
#include<conio.h>
void print()               /* 定义函数，完成输出语句的功能 */
{
    printf("Understanding the concept of function\n");
    /* 输出英文 "Understanding the concept of function"（理解函数的概念），
"\n" 表示换行 */
}
int main()                 /* 主函数，每个程序必须包含 */
{
    print();               /* 调用定义的函数 */
    _getch();
    return 0;
}
```

程序运行结果如图 3-5-1 所示。

图 3-5-1 程序运行结果

2. 模块化编程的理念

C 语言编写的程序，只是入口和出口位于主函数之中，并不是所有的内容都放在主函数中。通常情况下可以将一个程序划分成若干个模块，每一个模块完成一部分功能，C 程序的功能通过函数之间的调用来实现。不同的程序模块可以由不同的人来完成，目的是方便规划、编写和调试，提高软件开发效率。

【例 3-5-2】编写程序，在主函数中使用其他功能性函数模块，用 C 语言"构建汽车"。汽车的制造生产过程是由工程师来设计的，其中，由发动机厂生产发动机，由底盘工厂生产汽车底盘，由轮胎企业生产轮胎。编写 C 程序和制造汽车类似，主函数的作用像工程师，其功能是控制每一步程序的执行，调用定义的函数。各函数体就像汽车生产中的每一道工序，各自完成模块功能。函数调用示意图如图 3-5-2 所示。

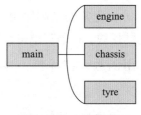

图 3-5-2　函数调用

上例程序中有一个 main( ) 函数（主函数），并定义了三个函数完成特定的功能。定义的三个函数被 main( ) 函数调用，共同构成源程序。

```c
#include<stdio.h>
#include<conio.h>
void Engine()            /*定义发动机函数 */
{
    printf("*****Perform Engine function*****\n");
}
void Chassis()           /*定义底盘函数 */
{
    printf("*****Perform Chassis function*****\n");
}
void Tyre()              /*定义轮胎函数 */
{
    printf("*****Perform Tyre function*****\n");
}
int main()
{
    Engine();                /*调用发动机函数 */
    Chassis();               /*调用底盘函数 */
```

```
    Tyre();                    /* 调用轮胎函数 */
    _getch();
    return 0;                  /* 程序结束 */
}
```

程序运行结果如图 3-5-3 所示。

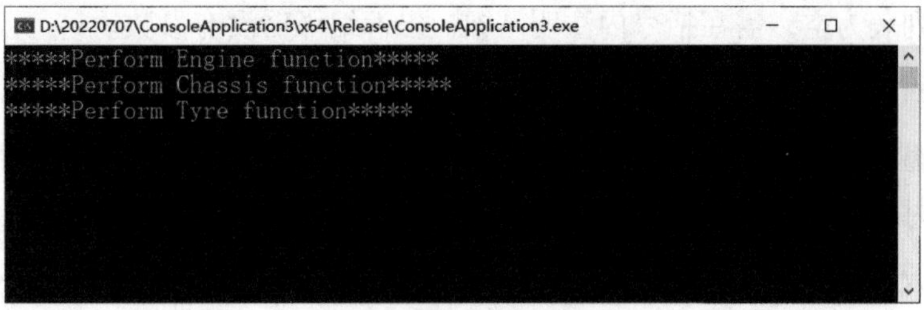

图 3-5-3　程序运行结果

C 语言中函数之间的关系是平行的，函数在被定义的时候是相互独立的，在一个函数中不能再定义其他函数（称为嵌套函数）。函数之间是相互调用的关系，main( ) 函数不能被调用。

函数间的调用是由一个函数发起，如【例 3-5-2】中 main( ) 函数调用三个自定义函数 Engine( )、Chassis( )、Tyre( )。main( ) 函数调用自定义函数的目的是实现自定义函数具有的模块功能。

二、函数的定义与声明

1. 函数的定义

C 程序中，函数定义的目的是让编译器知道函数的功能，函数的定义包括系统提供的标准函数和程序员自定义函数。系统提供的标准函数无须程序员定义，只需将包含该函数声明的头文件加在程序开头，该函数就可以直接使用，例如程序使用系统提供的标准函数 printf( ) 时，需将 "#include<stdio.h>" 加在程序开头；程序员自定义的函数需要遵循 "先定义，再使用" 的原则，和变量一样，要使用一个自定义函数，对其进行定义是不可缺少的。

函数定义有参数列表、返回类型、函数名和函数体 4 个要素。参数列表和返回类型对应着数据的输入输出，函数名用于和程序中其他程序实体区分，函数体是一段可执行的代码块，实现特定的算法或功能。

函数定义的一般形式如下。

返回类型　函数名 (参数列表)

{

函数体；

}

（1）参数列表。

参数列表的一般形式如下。

类型　变量名 1，类型　变量名 2，类型　变量名 3，…

若参数列表为空，需在括号内注明 void，告诉编译器没有参数。

（2）返回类型。

返回类型用于指明函数输出值的类型，如果没有输出值，返回类型为 void。如果在函数定义时没有注明返回类型，默认为 int。

（3）函数名。

函数名用于标识该函数，使之与其他函数区分开来，因此，函数名必须是合乎编译器命名规则的标识符。

参数列表、返回类型和函数名统称函数头，与之对应的是函数体。

（4）函数体。

函数体是一段用于实现特定功能的代码块，比如局部变量声明和其他执行语句等。在函数体内声明的变量不能和参数列表中的变量同名。

函数的定义是平行的，包括 main( ) 函数在内。所谓"平行"，有两层含义：一是不允许把一个函数定义在另一个函数内，即函数定义要在 main( ) 函数外部；二是函数定义放置的位置与 main( ) 函数无关，即函数定义可以在 main( ) 函数之前，也可以在 main( ) 函数之后。

定义一个函数是为了调用，函数调用有两种情况，第一种情况是"先定义，后调用"，第二种情况是"函数声明 + 函数调用"。

"先定义，后调用"是指函数定义和调用语句在同一个文件内，编译器从函数定义中提取函数的参数列表、输出类型等接口信息。

【例 3-5-3】编写程序，调用自定义求积函数，计算两个整数的乘积。

```c
#include<stdio.h>
int mul(int x,int y)                    /* 自定义求积函数 */
{
    int z;
    z=x*y;
    return z;                           /* 将所求的积返回 */
}
int main()
```

```
{
    int a,b,c;
    printf("Please enter a and b:\n");
    scanf_s("%d %d",&a,&b);
    c=mul(a,b);                        /* 调用 mul() 函数 */
    printf("The product of a and b is %d.\n",c);
    _getch();
    return 0;
}
```

运行程序结果如图 3-5-4 所示。

图 3-5-4 运行程序结果

2. 函数的声明

函数调用第二种情况是"函数声明 + 函数调用",大多数情况下,函数的定义与函数的调用不在一个文件中,或者在一个文件中,调用在前,定义在后,这就需要在调用之前对函数声明,告诉编译器有此函数存在。

函数声明一般形式如下。

返回类型　函数名（参数列表）；

例如语句"int mul(int x, int y);"。

函数的声明应与此函数头保持一致,否则,编译器会报错。

【例 3-5-4】阅读下列程序,观察领会函数的声明、定义和调用在程序中的位置及语句后面的解释。

```
#include<stdio.h>
#include<conio.h>
void ShowNumber(int iNumber);        /* 函数的声明 */
int main()
{
    int iShowNumber;                 /* 定义整型变量 */
    printf("What number do you want to display?\n");
```

```
                                       /* 输出提示信息 */
    scanf_s("%d",&iShowNumber);        /* 输入整数 */
    ShowNumber(iShowNumber);           /* 调用函数 */
    _getch();
    return 0;                          /* 程序结束 */
}
void ShowNumber(int iNumber)           /* 函数的定义 */
{
    printf("The number you want to display:\n%d\n",iNumber);
                                       /* 输出数字 */

}
```

程序运行结果如图 3-5-5 所示。

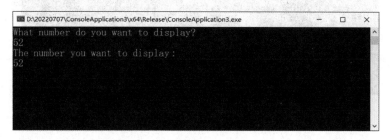

图 3-5-5　程序运行结果

函数的定义放在调用函数前面，则不必进行函数的声明，此时函数的定义已经包含了函数的声明。上面的程序可改为如下源程序。

```
#include<stdio.h>
#include<conio.h>
void ShowNumber(int iNumber)                      /* 函数的定义 */
{
    printf("The number you want to display is:\n%d\n",iNumber);
                                                  /* 输出数字 */
}
int main()
{
    int iShowNumber;                              /* 定义整型变量 */
    printf("What number do you want to display?\n");  /* 输出提示信息 */
    scanf_s("%d",&iShowNumber);                   /* 输入整数 */
    ShowNumber(iShowNumber);                      /* 调用函数 */
    _getch();
    return 0;                                     /* 程序结束 */
}
```

【例 3-5-5】编写程序，定义一个函数，里面含有两个参数 a 和 b，比较它们的大小并输出较大的数。

```c
#include<stdio.h>              /* 使用 printf 要包含的头文件 */
#include<conio.h>
int bigger(int a,int b)    /* 函数头，其形式为"返回类型　函数名（参数列表）" */
{
    if(a>b)
        return a;              /* 返回值 */
    else
        return b;
}
int main()                    /* 主函数 */
{
    int num1=0,num2=0,res;     /* 定义变量 */
    printf("Enter two integers,separated by spaces:\n");  /* 提示输出 */
    scanf_s("%d%d",&num1,&num2);
                              /* 读取输入数据（输入两个数，用空格隔开）*/
    res=bigger(num1,num2);     /* 调用函数，值返回 */
    printf("The larger number is %d.",res);   /* 输出结果 */
    _getch();                  /* 暂停，按任意键退出 */
    return 0;
}
```

程序运行结果如图 3-5-6 所示。

图 3-5-6　程序运行结果

3. 函数定义与声明的区别

（1）含义。

函数的定义是用语句创建、编写一个具有名字的新函数，实现具体的函数功能。函数声明是当函数被调用时，需要在调用之前对函数声明，告诉编译器有此函数存在。

（2）语法格式。

函数定义的一般形式如下。

返回类型　函数名（参数列表）

{

　　函数体；

}

函数声明的一般形式如下。

返回类型　函数名（参数列表）；

（3）与主函数的位置。

函数的定义可以在主函数前，也可以在主函数后。函数的声明必须在主函数前。

三、函数的返回机制

1. 遇到 "}" 后返回

函数返回的第一种方式是程序从开头一直执行到最后一句，当所有语句都执行完毕并遇到 "}" 后返回。

【例 3-5-6】定义一个无参函数和一个有参函数，调用它们显示以下内容。

```
----------------------------------------------
    A bad thing never dies.
----------------------------------------------
----------------------------------------------
    A contented mind is a perpetual feast.
----------------------------------------------
```

```c
#include<stdio.h>                    /*引用头文件*/
#include<conio.h>
void Shmily_a()                      /*定义无参函数 Shmily_a()*/
{
    int i;                           /*定义整型变量 i*/
    for(i=1;i<=22;i++)               /*for 循环语句*/
    {
        printf("--");                /*输出 "--" 符号*/
    }
    printf("\n");                    /*换行*/
}
void Shmily_b(const char s[])        /*定义有参（数组 s[]）函数 Shmily_b()*/
{
    printf("     ");                 /*输出五个空格*/
```

```
    printf("%s\n",s);               /*输出字符串并换行*/
}
int main()                          /*主函数 mian()*/
{
    Shmily_a();                     /*调用函数 Shmily_a()*/
    Shmily_b("A bad thing never dies.");
                                    /*调用函数 Shmily_b()，输出字符串*/
    Shmily_a();                     /*调用函数 Shmily_a()*/
    Shmily_a();                     /*调用函数 Shmily_a()*/
    Shmily_b("A contented mind is a perpetual feast.");
                                    /*调用函数 Shmily_b()，输出字符串*/
    Shmily_a();                     /*调用函数 Shmily_a()*/
    _getch();
    return 0;
}
```

程序运行结果如图 3-5-7 所示。

图 3-5-7　程序运行结果

本例由 Shmily_a( )、Shmily_b( )、main( ) 这 3 个函数组成，其中前两个函数属于自定义函数，main( ) 为主函数。

程序的执行过程中，main( ) 函数为入口，执行主函数，运行到 Shmily_a 时，暂停主函数，执行 Shmily_a( ) 函数。Shmily_a( ) 函数没有参数，函数体中的局部变量 i 作为 for 循环的控制循环变量。当 Shmily_a( ) 函数执行完毕，遇到 "}" 时返回主函数中执行 Shmily_b( ) 函数，程序则跳转到 Shmily_b( ) 函数。接着程序又调用两次函数 Shmily_a，输出两行 "--"。

2. 返回语句

定义函数是为了调用，以实现特定的功能。通常函数调用的目的是希望能够得到一个计算结果，这就是函数的返回值。例如，在 main( ) 函数中调用 bigger( ) 函数，写成 "int res=bigger(num1, num2);" 的形式，意思是调用函数，值返回。通常使用返回语句将计算结果返回给调用程序，同时程序流程转到调用语句的下一语句。

返回语句的一般形式如下。

```
return(表达式);      /*括号可以省略*/
```

（1）在没有返回值的函数中执行返回语句"return 0;"能立即结束所在的函数执行，返回到调用的程序中去。

（2）返回语句能够将函数返回值赋值给调用的表达式。

（3）返回值类型以函数定义时返回值类型为准，系统默认返回值类型为整型，返回值类型为 void 型的函数没有返回值。

【例 3-5-7】编写程序，自定义判断素数的函数，在主函数里调用这个函数，返回判断结果。

```
#include<stdio.h>                               /*引用头文件*/
#include<conio.h>
int isprime(int num)                            /*自定义判断素数的函数*/
{
    int flag=1,i;                               /*定义变量*/
    if(num==1)                                  /*素数不包括 1*/
        return 0;
    for(i=2;i<=num-1;i++)                        /*循环*/
        if(num%i==0)                            /*判断是否能整除*/
            flag=0;                             /*能整除则不是素数*/
    return(flag);                               /*返回判断结果*/
}
int main()
{
    int n;                                      /*定义变量*/
    printf("Please enter a judgment of an integer:");
                                                /*在屏幕上输出提示字符串*/
    scanf_s("%d",&n);                           /*接收一个输入的数*/
    if(isprime(n))                              /*调用自定义函数*/
        printf("%d is a prime number.\n",n);    /*输出结果*/
    else
        printf("%d is not a prime number.\n",n);
    _getch();
    return 0;
}
```

输入 23 程序运行结果如图 3-5-8a 所示，输入 24 程序运行结果如图 3-5-8b 所示。

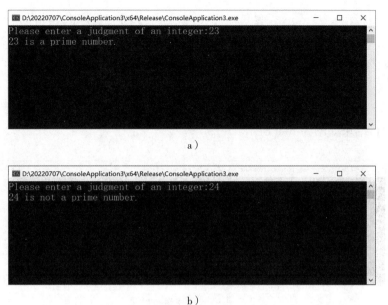

a）

b）

图 3-5-8　程序运行结果

a）输入 23　b）输入 24

　　素数是指除了 1 和它本身以外不再有其他因数的自然数。该程序中要求判断素数，基本思路是自定义函数 1sprime，该函数有一个整型参数 num，函数的返回值表示 num 是否为素数判断结果，1 表示 num 为素数，0 表示 num 不是素数，返回值类型为整型。函数体通过循环判断 num 是否存在整除的数据，如果存在返回 0，反之返回 1。返回值由 return( ) 函数带回到 main( ) 函数中。

　　【例 3-5-8】编写程序，输出两个数中较大的数。要求先定义一个求较大值的函数，其中用 return 语句返回函数值，并在主函数中调用。

```c
#include<stdio.h>
#include<conio.h>
int max(int x,int y)                    /*定义一个求较大值的函数 */
{
    int z;                              /*定义局部变量 z*/
    z=x>y?x:y;                          /*求两个数中较大值 */
    return z;                           /*函数返回较大值 */
}
int main()
{
    int a,b,c;                          /*定义 3 个变量 */
    printf("Input two numbers:\n");     /*输出提示字符串 */
    scanf_s("%d%d",&a,&b);              /*接收键盘输入的两个数字 */
```

```
    c=max(a,b);                            /* 调用函数求较大值 */
    printf("The max one is %d.\n",c);      /* 输出较大值 */
    _getch();
    return 0;                              /* 程序结束 */
}
```

程序运行结果如图 3-5-9 所示。

图 3-5-9　程序运行结果

该程序中定义了一个函数 max( )，用于输出两个整数中较大的数，定义一个变量 z 的值作为函数的返回值，返回值类型为整型。在主函数中调用 max( )，并将结果赋值给整型变量 c，返回到主函数继续执行输出语句，显示提示信息。

【例 3-5-9】编写程序，调用自定义函数，求两个整数的平均数。

```
#include<stdio.h>
#include<conio.h>
double ave(int a,int b)                    /* 自定义求平均值函数 */
{
    double c;
    c=(a+b)/2.0;
    return c;                              /* 将所求平均值返回 */
}
int main()
{
    int x,y;
    double z;
    printf("Please enter x and y:\n");
    scanf_s("%d%d",&x,&y);                 /* 输入两个整数赋给 x 和 y*/
    z=ave(x,y);                            /* 调用 ave() 函数 */
    printf("The average of these two numbers is %g.\n",z);
    _getch();
    return 0;
}
```

调试并运行该程序，输入两个奇数后该程序运行结果如图 3-5-10a 所示；输入一奇数和一个偶数后该程序运行结果如图 3-5-10b 所示。

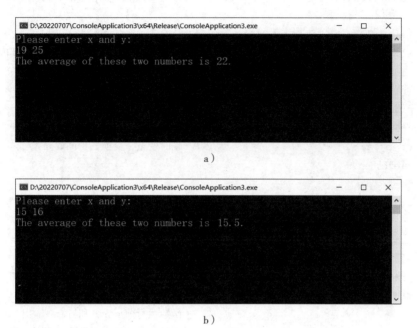

a）

b）

图 3-5-10　程序运行结果

a）输入两个奇数　b）输入一个奇数和一个偶数

四、函数的参数及其传递方式

函数调用操作时，多数情况下，主调函数和被调函数之间是数据传递关系。函数间通过参数传递数据，函数利用接收的数据进行操作。

1. 形式参数和实际参数

调用函数时，涉及两种参数，即形式参数和实际参数，两者之间有联系又有区别。

（1）通过名称理解。

形式参数是形式上存在的参数。

实际参数是实际存在的参数。

（2）通过作用理解。

形式参数是指在定义函数时，函数名后面括号中的变量，简称形参。在函数调用之前，传递给函数的值将被复制到这些形式参数中。

实际参数是指在调用一个函数时，也就是真正使用一个函数时，函数名后面括号中的参数，简称实参。函数的调用者提供给函数的参数就是实际参数。实际参数是表达式计算的结果，并且被复制给主调函数的形式参数。

【例 3-5-10】编写程序，使用函数参数交换两个变量的值。

```c
#include<stdio.h>                          /* 使用 printf 要包含的头文件 */
#include<conio.h>
void swap2Variable(int *a,int *b)
                          /* 函数头，传递的是指针（*a、*b）（详见教材后续内容）*/
{
    int temp;
    printf("a is %d,b is %d\n",*a,*b);
                                    /* 两个形参交换前输出，间接访问 */
    temp=*a;                              /* 临时变量，交换的中间媒介 */
    *a=*b;
    *b=temp;
    printf("a is %d,b is %d\n",*a,*b);     /* 两个形参交换之后输出 */
}
int main()                           /* 主函数 */
{
    int num1=6,num2=9;                   /* 定义两个变量 num1 和 num2 并初始化 */
    printf("num1 is %d,num2 is %d\n",num1,num2);
                                    /* 函数执行前 num1 和 num2 输出 */
    swap2Variable(&num1,&num2);     /* 函数调用，实参是两个变量的地址 */
    printf("num1 is %d,num2 is %d\n",num1,num2);
                                    /* 函数执行完毕，对 num1 和 num2 输出 */
    _getch();
    return 0;
}
```

程序运行结果如图 3-5-11 所示。

图 3-5-11　程序运行结果

该程序只有在 swap2Variable( ) 函数调用时，形参才被创建，并分别用实参为其赋值，可见形参和实参代表的是不同的变量，当函数结束时，形参就会被系统释放，不再起作用。如果仅仅交换形参的值，实参的值是不会受影响的。

2. 数组做函数参数

【例 3-5-11】编写程序，定义一个数组，将赋值后的数组元素作为函数的实参进行传递，当函数的形参得到实参传递的数值后，将这些数值输出。

```c
#include<stdio.h>
#include<conio.h>
void ShowMember(int iMember);              /*声明函数*/
int main()
{
    int iCount[12];                        /*定义一个整型的数组*/
    int i;                                 /*定义整型变量，用于循环*/
    for(i=0;i<12;i++)                      /*进行赋值循环*/
    {
        iCount[i]=i;                       /*为数组中的元素进行赋值操作*/
    }
    for(i=0;i<12;i++)                      /*循环操作*/
    {
        ShowMember(iCount[i]);             /*执行输出函数操作*/
    }
    _getch();
    return 0;
}
void ShowMember(int iMember)               /*函数定义*/
{
    printf("Display element is %d.\n",iMember);    /*输出数据*/
}
```

程序运行结果如图 3-5-12 所示。

图 3-5-12 程序运行结果

该程序在 main( ) 函数之前声明需调用的函数。在 main( ) 函数的开始位置定义一个整型的数组和一个整型变量 i，使用 for 语句，以变量 i 作为条件进行循环，对数组中的元素赋值，并且作为数组的下标制定数组元素的位置。使用自定义的 ShowMember( ) 函数显示数据。

【例 3-5-12】编写程序，用数组名做被调用函数参数，为数组赋值并显示数组内容。

```
#include<stdio.h>
#include<conio.h>
void Evaluate(int iArrayName[]);  /* 声明赋值函数 */
void Display(int iArrayName[]);   /* 声明显示函数 */
int main()
{
    int iArray[12];                /* 定义一个具有 12 个元素的整型数组 */
    Evaluate(iArray);              /* 调用函数进行赋值操作，将数组名作为参数 */
    Display(iArray);               /* 调用函数进行显示操作，将数组名作为参数 */
    _getch();
    return 0;
}
void Display(int iArrayName[])     /* 数组元素的显示 */
{
    int i;                         /* 定义整型变量 */
    for(i=0;i<12;i++)              /* 执行循环的语句 */
    {                              /* 在循环语句中执行输出操作 */
        printf("Display element is %d.\n",iArrayName[i]);
    }
}
void Evaluate(int iArrayName[])/* 进行数组元素的赋值 */
{
    int i;                         /* 定义整型变量 */
    for(i=0;i<12;i++)              /* 执行循环语句 */
    {                              /* 在循环语句中执行赋值操作 */
        iArrayName[i]=i;
    }
}
```

程序运行结果如图 3-5-13 所示。

声明程序中需要调用函数 Evaluate( )、Display( )，这两个自定义函数的形参是数组名 iArrayName。在 main( ) 函数中，定义一个有 12 个元素的数组 iArray。调用函数 Evaluate( )，通过形参 iArrayname 对数组赋值。调用 Display( ) 函数输出数组。

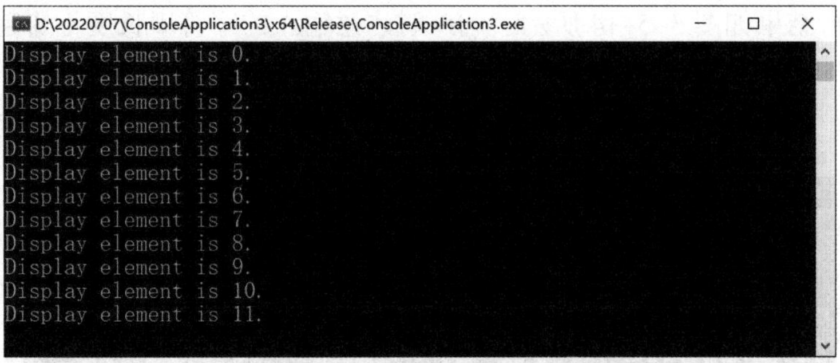

图 3-5-13 程序运行结果

数组名作为参数时，数组的长度是不需要说明的（多余的说明可能导致编译出错）。因为当数组名作为函数参数时，主调函数向被调用函数传递的并不是整个数组的所有元素值，而仅仅是这个数组的内存首地址。由于数组在内存中是顺序存储，知道数组的首地址和元素的数据类型，计算机就可以计算出数组中任一个元素的内存位置。需要注意的是，被调用函数并不知道数组的长度，上例中，Display( ) 和 Evaluate( ) 函数并不知道数组 iArray 的长度是 12，函数中循环的次数是由程序员人为控制的。实际应用中，不可能通过每次修改函数来满足各种不同长度的数组，因此，为了编写通用性更好的函数，一般在自定义函数的形参中增加数组长度的变量，连同数组首地址一起传递给函数，否则容易发生数组越界的错误。

【例 3-5-13】编写程序，输入一个字符串，通过操作数组的方式，将字符串再次输出。仔细比较数组与字符串的异同。

```c
#include<stdio.h>
#include<conio.h>
void print(char *s)
{
    int i;
    for(i=0;s[i]!='\0';i++)
        printf("%c",s[i]);
}
int main()
{
    char s[100];
    printf("Please input a string:\n");
    scanf_s("%s",s,100);
    print(s);
    _getch();
    return 0;
}
```

程序运行结果如图 3-5-14 所示。调试时注意输入的字符串长度不要超过程序的设定值。

图 3-5-14　程序运行结果

该程序中的字符串实际上是一个字符型数组，不同的是字符串以 "\0" 符号作为字符串结束标志，不需要给定字符串的长度。本例将数组名作为被调用函数的参数，可以看出，数组实际上就是一个连续的内存空间。

使用数组做函数参数时注意以下几点。

（1）用数组名做参数，应该在主调函数中定义数组。

（2）实参数组与形参数组类型应一致。

（3）形参数组也可以不指定大小，在定义数组时在数组名后面跟一个空的中括号。

（4）用数组名作函数参数时，不是把数组元素的值传递给形参，而是把实参数组的起始地址传递给形参数组。

五、函数的调用方式

在现实工作中，为了完成某项特殊的工作，需要一些特殊的工具，要先制作这个工具，然后使用。自定义函数就是用来完成编程工作的特殊工具，需要先定义，后使用，其使用的过程就是函数的调用。

1. 函数的语句调用

函数的语句调用是把函数作为一个语句进行调用。函数的语句调用是最常用的调用函数的方式。

函数的语句调用一般形式为函数加上分号。例如语句 "printf("%d", a);" "scanf_s ("%d", &b);"。

【例 3-5-14】编写程序，通过函数语句调用方式调用函数完成信息的显示。

```
#include<stdio.h>
#include<conio.h>
void Display()                              /*定义函数*/
{
```

```
    printf("I wish the students a success!\n");  /*实现显示一条信息功能*/
}
int main()
{
    Display();                                  /*函数语句调用*/
    _getch();
    return 0;                                   /*程序结束*/
}
```

程序运行结果如图 3-5-15 所示。

该程序中 Display( ) 函数的功能是显示一条消息。此时不要求函数带返回值，只要求完成一定的操作。

图 3-5-15　程序运行结果

2. 函数的表达式调用

函数的表达式调用是指函数出现在一个表达式中，这时要求函数返回一个确定的值，这个值参加表达式的运算。

【例 3-5-15】编写程序，定义一个加法运算函数，并在表达式中调用该函数，用函数的返回值参加运算并输出结果。

```
#include<stdio.h>
#include<conio.h>
int AddTwoNum(int iNum1,int iNum2);     /*声明函数，函数进行加法计算*/
int main()
{
    int iResult;                            /*定义变量用来存储计算结果*/
    int iNum3=10;                           /*定义变量，赋值为10*/
    iResult=iNum3*AddTwoNum(4,6);           /*在表达式中调用函数 AddTwoNum*/
    printf("The calculation result is %d.\n",iResult);
                                            /*将计算结果进行输出*/
    _getch();
    return 0;                               /*程序结束*/
```

```
}
int AddTwoNum(int iNum1,int iNum2)        /*定义函数 */
{
    int iTempResult;                       /*定义整型变量 */
    iTempResult=iNum1+iNum2;  /*进行加法计算，并将结果赋值给 iTempResult*/
    return iTempResult;                    /*返回计算结果 */
}
```

程序运行结果如图 3-5-16 所示。

图 3-5-16　程序运行结果

该程序首先声明自定义函数 AddTwoNum( )。在 main 主函数中，定义整型变量 iResult 来保存结果。整型变量 iNum3 表示乘数，赋值为 10。调用自定义函数 AddTwoNum( ) 计算 4 与 6 的和，并且将计算结果与 10 相乘。

3. 函数的参数调用

函数的参数调用是把函数作为另一个函数的实际参数调用，将函数返回值作为实际参数传递到函数中使用。

函数的参数调用要求被调用函数必须有返回值。例如以下语句。

```
iResult=AddTwoNum(10,AddTwoNum(4,6));      /*函数在参数中 */
```

又如以下语句把调用函数 max( ) 的返回值作为 printf( ) 函数的实参来使用。

```
printf("%d",max(x,y));
```

【例 3-5-16】编写一个程序，运用函数参数调用的方式，计算（4+6）+10 的值。

```
#include<stdio.h>
#include<conio.h>
int AddTwoNum(int iNum1,int iNum2);        /*声明函数，函数进行加法计算 */
int main()
{
    int iResult;                            /*定义变量用来存储计算结果 */
    iResult=AddTwoNum(10,AddTwoNum(4,6));
                                            /*在参数中调用函数 AddTwoNum*/
```

```
    printf("The calculation result is %d.\n",iResult);
                                           /*将计算结果进行输出 */
    _getch();
    return 0;                              /*程序结束 */
}
int AddTwoNum(int iNum1,int iNum2)         /*定义函数 */
{
    int iTempResult;                       /*定义整型变量 */
    iTempResult=iNum1+iNum2;   /*进行加法计算,并将结果赋值给 iTempResult*/
    return iTempResult;                    /*返回计算结果 */
}
```

程序运行结果如图 3-5-17 所示。

图 3-5-17　程序运行结果

4. 函数的嵌套调用

C 语言中,函数的定义是互相平行、独立的,定义函数时,函数内部不能再定义另一个函数。

例如,下面的代码是错误的。

```
int main()
{
    void Shmily()
    {
    printf("It is not allowed to define function in function definition
in the C language.");          /*显示“C 语言不允许嵌套定义函数”*/
    }
    return 0;
}
```

C 语言不能嵌套定义函数,但是允许嵌套调用函数。

例如,以下写法是正确的。

```
void ShowMessage()
{
```

```
    printf("The ShowMessage Function");
}
void Display()
{
    ShowMessage();
}
```

一个函数既可以被其他函数调用，也可以调用别的函数，这就是函数的嵌套调用。嵌套调用函数的目的是完成某程序的子程序中某项功能，如同实际工作中逐级分配布置具体任务。例如，学校里有许多项具体工作，校长把专业教学任务分配给各个学院，各院长把不同学科教学任务分配给各个教研室，各个教研室主任把具体学科教学任务分配给每位教师，每位教师按照教学要求完成教学任务。其过程如图 3-5-18 所示。

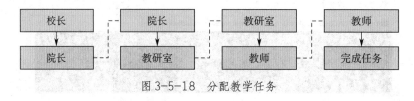

图 3-5-18　分配教学任务

【例 3-5-17】编写程序，模拟以上过程，将每人的工作写成一个函数，通过函数的调用完成某学科教学任务。

```
#include<stdio.h>
#include<conio.h>
void Headmaster();          /*声明函数*/
void DepartmentHead();
void Director();
void Teacher();
int main()
{
    Headmaster();           /*调用 headmaster() 函数*/
    _getch();
    return 0;
}
void Headmaster()           /*定义 Headmaster() 函数*/
{
    printf("The headmaster conveys orders to the dean of the department.\
\n");    /*输出信息，表示调用 Headmaster() 函数进行相应的操作*/
    /*若一行代码过长，为便于阅读可换行输入，但须在行末加"\"后再换行*/
    DepartmentHead();       /*调用 DepartmentHead() 函数*/
}
void DepartmentHead()   /*定义 DepartmentHead() 函数*/
```

```
    {
        printf("The dean of the department conveys orders to the director.\
    \n");        /*输出信息，表示调用 DepartmentHead() 函数进行相应的操作 */
        Director();            /* 调用 Director() 函数 */
    }
    void Director()          /* 定义 Director() 函数 */
    {
        printf("The director conveys orders to the teacher.\n");
                            /*输出信息，表示调用 Director() 函数进行相应的操作 */
        Teacher();          /* 调用 Teacher() 函数 */
    }
    void Teacher()           /* 定义 Teacher() 函数 */
    {
        printf("The teacher finishes the order independently.\n");
                            /*输出信息，表示调用 Teacher() 函数进行相应的操作 */
    }
```

程序运行结果如图 3-5-19 所示。

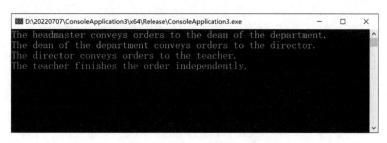

图 3-5-19　程序运行结果

首先在程序中声明函数，其中 Headmaster( ) 函数代表校长，DepartmentHead( ) 函数代表院长，Director( ) 函数代表教研室主任，Teacher( ) 函数代表教师。定义有关函数，在函数中通过输出一条文字，表示函数的功能和作用。在主函数 main( ) 中调用 Headmaster( ) 函数，执行程序直至语句 "return 0;" 返回，结束程序。

5. 函数的递归调用

一个函数直接或间接调用该函数本身称为函数的递归调用。函数的递归调用是 C 语言重要特点之一，当一个问题具有递归关系时，采用递归调用方式将使被处理的问题变得简洁。

【例 3-5-18】A、B、C、D、E 5 个人合伙去捕鱼。捕到鱼后 A 先拿走一条鱼，此时鱼刚好可以分成 5 等份，A 再拿走其中一份。B 从剩下的鱼中也先拿走一条鱼，此时鱼刚好也能分成 5 等份，B 再拿走其中的一份。之后 C、D、E 依次按照同样的方法取鱼。编写程序，计算他们至少合伙捕了多少条鱼。

```
#include<stdio.h>
#include<conio.h>
int sub(int n)                    /* 定义函数递归求鱼的总数 */
{
    if(n==1)                      /* 当 n 等于 1 时递归结束 */
    {
        static int i=0;           /*static 表示静态变量 */
        do
        {
            i++;
        }
        while(i%5!=0);
        return(i+1);              /*5 人平分后多出一条 */
    }
    else
    {
        int t;
        do
        {
            t=sub(n-1);
        }
        while(t%4!=0);
        return(t/4*5+1);
    }
}
int main()
{
    int total;
    total=sub(5);                 /* 调用递归函数 */
    printf("The total number of fish is %d.\n",total);
    _getch();
    return 0;
}
```

程序运行结果如图 3-5-20 所示。

图 3-5-20　程序运行结果

本例中采用了递归的方法来求解捕鱼的总数，递归求解时一定要有递归结束的条件，本例中 n=1 就是程序的出口。static 表示这个变量是静态变量。正常情况下，函数体内定义的变量都属于局部变量，函数返回后，这些变量都不再起作用，变量的内存空间也被系统自动回收。如果在定义变量时增加 static，定义该变量是一个静态变量，表示即使这个函数已经返回，该变量仍然存在，并且仍然保留变量的值，当重新调用该函数时，该变量不需重新定义即可使用。本例中，静态变量 i 的值表示 E 拿走一条鱼后剩下鱼的条数，i 通过不断自增来得到 i 满足题意的最小值，如果在考虑其他人时当前的 i 值不再满足题意（比如 t%4!=0），则程序会重新调用函数 sub(1)，由于 i 是静态变量，i 的值会在原来的基础上继续自增。

六、内部函数与外部函数的使用

一个 C 程序可以由多个函数组成，这些函数即可以在一个文件中，也可以分散在多个不同文件中。根据这些函数的使用范围，可以把它们分为内部函数和外部函数。

1. 内部函数

内部函数又称为静态函数，它只能在定义它的文件中被调用，而不能被其他文件中的函数调用。如果在不同的文件中有同名的内部函数，这些同名的函数是互不干扰的。

在定义内部函数时，要在函数返回值类型和函数名前面加上 static 作为关键字。

定义内部函数一般形式如下。

static　返回值类型　函数名 (参数列表)

例如，定义一个进行加法运算且返回值是 int 型的内部函数如下。

```
static int Add(int iNuml,int iNum2)
```

【例 3-5-19】观察、解读下列程序，体会内部函数的意义。

```
#include<stdio.h>
#include<conio.h>
static const char* GetString(const char* pString) /*定义赋值函数 */
{
    return pString;                                /*返回字符 */
}
static void ShowString(const char* pString)        /*定义输出函数 */
{
    printf("%s\n",pString);                        /*显示字符串 */
}
int main()
{
```

```
    const char* pMyString;                               /*定义字符串变量 */
    pMyString=GetString("intrinsic functions");   /* 调用函数为字符串赋值 */
    ShowString(pMyString);                              /* 显示字符串 */
    _getch();
    return 0;
}
```

程序运行结果如图 3-5-21 所示。

图 3-5-21　程序运行结果

本例在函数的返回值类型前加上关键字 static，将原来的函数修饰成内部函数使得其他文件不能调用此函数。

2. 外部函数

函数在本质上都具有外部性质，除了内部函数之外，其余的函数都可以被其他文件中的函数调用。称这样的函数为外部函数。为了明确这种性质，可以在函数定义和调用时使用关键字 extern 进行修饰。在使用一个外部函数时，要先用关键字 extern 声明所用的函数是外部函数。

例如，函数头可以写成下面的形式。

extern Add(int iNuml,int iNum2);

这样函数 Add 就可以被其他源文件调用。

【例 3-5-20】编写一个程序，显示字符串，要求使用外部函数完成。

```
#include<stdio.h>
#include<conio.h>
extern const char* GetString(const char* pString); /*声明外部函数 */
extern void ShowString(const char* pString);         /* 声明外部函数 */
int main()
{
    const char* pMyString;              /*定义字符串变量 */
    pMyString=GetString("external functions");
                                        /* 调用函数为字符串赋值 */
```

```
    ShowString(pMyString);         /* 显示字符串 */
    _getch();
    return 0;
}
extern const char* GetString(const char* pString)
                                /* 定义外部函数 (ExternFun1.c)*/
{
    return pString;               /* 返回字符 */
}
extern void ShowString(const char* pString)
                                /* 定义外部函数 ExternFun2.c*/
{
    printf("%s\n",pString);        /* 显示字符串 */
}
```

程序运行结果如图 3-5-22 所示。

图 3-5-22　程序运行结果

上例程序首先使用 extern 声明两个外部函数。之后在主函数 main( ) 中调用两个函数。然后分别定义 GetString( ) 函数和 ShowString( ) 函数进行参数的返回和传递显示。

由于函数都是外部性质的，C 语言规定，在定义函数时，如果省略关键字 extern，默认为外部函数。

七、库函数的应用

在编程过程中，利用 C 语言编译系统中提供的库函数功能，可以方便地解决许多常用公共问题，下面以数学函数和字符检测函数为例，介绍库函数的使用。

1. 数学函数

数学函数是 C 语言编译系统提供的一种库函数。在编写 C 程序中经常会应用数学函数进行求值运算，得到数学函数的双精度返回值。在使用数学函数时，要先包含头文件 math.h。代码中，先定义用来保存计算结果的变量，然后得到结果，最后通过输出语句将结果输出。数学函数功能众多，例如，求绝对值的函数有 abs( ) 函数、labs( )

函数和 fabs( ) 函数三种。其中，abs( ) 函数的功能是求整数绝对值，labs( ) 函数的功能
是求长整型绝对值，fabs( ) 函数的功能是求浮点数（小数）绝对值。

【例 3-5-21】利用数学函数求 -20、-1344556677、-4321.0 三个数的绝对值。

```
#include<stdio.h>
#include<conio.h>
#include<math.h>                       /*包含头文件 math.h（包含数学函数）*/
int main()
{
    int iAbsoluteNumber;               /*定义整型数据 */
    int iNumber=-20;                   /*定义整型数据，为其赋值为 -20*/
    long lResult;                      /*定义长整型 */
    long lNumber=-1344556677L;         /*定义长整型，为其赋值为 -1344556677L*/
    double fFloatResult;               /*定义浮点型 */
    double fNumber=-4321.0;            /*定义浮点型，为其赋值为 -4321.0*/
    iAbsoluteNumber=abs(iNumber);
                        /*将 iNumber 的绝对值赋给 iAbsoluteNumber 变量 */
    lResult=labs(lNumber);            /*将 lNumber 的绝对值赋给 lResult 变量 */
    fFloatResult=fabs(fNumber);
                        /*将 fNumber 的绝对值赋给 fFloatResult 变量 */
    printf("The initial value is %d,The absolute value is %d.\n",iNumber,
iAbsoluteNumber);                      /*输出原来的数字，然后输出得到的绝对值 */
    printf("The initial value is %ld,The absolute value is %ld.\n",
lNumber,lResult);
    printf("The initial value is %.1f,The absolute value is %.1f.\n",
fNumber,fFloatResult);
    _getch();
    return 0;
}
```

程序运行结果如图 3-5-23 所示。

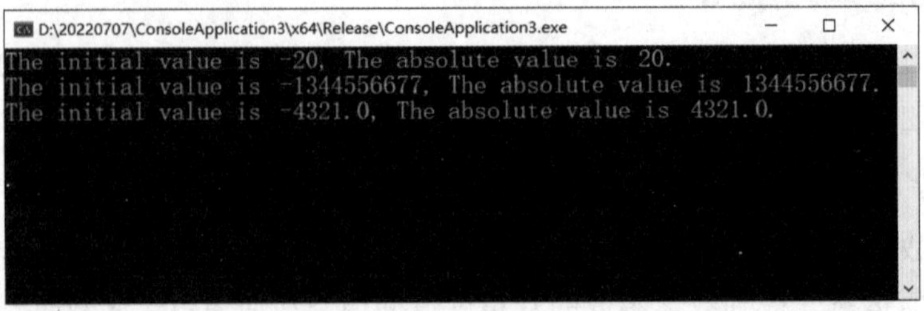

图 3-5-23 程序运行结果

2. 字符检测函数

字符检测函数也是 C 语言编译系统提供的一种库函数。在编写 C 程序时用于检测字母或检测数字等，得到检测的返回值。在使用字符检测函数时，要先引用头文件 ctype.h。常用的字符检测函数有以下几种。

（1）isdigit( ) 函数

isdigit( ) 函数的作用是测试字符是否为阿拉伯数字。其函数定义语句为 "int isdigit (int c);"，其中只有参数 c 为阿拉伯数字 0 到 9 时才能返回真。

（2）isalpha( ) 函数

isalpha( ) 函数的作用是测试字符是否为英文字母，其函数定义语句为 "int isalpha (int c);"。

（3）isalnum( ) 函数

isalnum( ) 函数的作用是测试字符是否为英文字母或数字，其函数定义语句为 "int isalnum(int c);"，相当于使用表达式 "isalpha(c)|| isdigit(c)" 做测试。

【例 3-5-22】编写程序，自定义函数，利用字符检测函数，判断输入字符的类型是字母还是数字。

```c
#include<stdio.h>
#include<conio.h>
#include<ctype.h>
void SwitchShow(char cChar);
int main()
{
    char cCharPut;                  /*定义字符型变量，用来接收输入的字符 */
    char cCharTemp;                 /*定义字符型变量，用来接收回车 */
    printf("Input the first character:");    /*消息提示 */
    scanf_s("%c",&cCharPut);            /*输入字符 */
    SwitchShow(cCharPut);               /*调用函数进行判断 */
    cCharTemp=getchar();                /*接收回车 */
    printf("\nInput the second character:");    /*消息提示 */
    scanf_s("%c",&cCharPut);            /*输入字符 */
    SwitchShow(cCharPut);               /*调用函数判断输入的字符 */
    cCharTemp=getchar();                /*接收回车 */
    printf("\nInput the third character:");    /*消息提示 */
    scanf_s("%c",&cCharPut);            /*输入字符 */
    SwitchShow(cCharPut);               /*调用函数判断输入的字符 */
    _getch();
    return 0;                       /*程序结束 */
```

```
}
void SwitchShow(char cChar)
{
    if(isalpha(cChar))                    /* 判断是否是字母 */
    {
        printf("%c is a character of the alphabet.\n",cChar);
    }
    if(isdigit(cChar))                    /* 判断是否是数字 */
    {
        printf("%c is an Arabia numeral.\n",cChar);
    }
    if(isalnum(cChar))                    /* 判断是否是字母或者是数字 */
    {
        printf("%c is a letter or a number.\n",cChar);
    }
    else                                  /* 当字符既不是字母也不是数字时 */
    {
        printf("%c is neither a letter nor a number.\n",cChar);
    }
}
```

程序运行结果如图 3-5-24 所示。

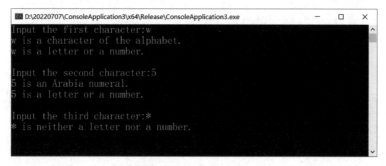

图 3-5-24　程序运行结果

以上 3 个字符检测函数是常用的字符检测函数，其他字符检测函数的功能和用法可通过互联网检索学习。

在编写 C 程序时，首先尽量考虑使用库函数，然后再考虑使用自定义函数。正确和灵活运用库函数能提高程序的质量和编写速度。

一、设计程序

（1）定义求最大公约数函数 "int gys(int x, int y)"。递归调用自定义函数 gys，利用条件语句返回最大公约数 "return y?gys(y, x%y):x;"。

（2）定义约分函数 "void yuefen(int fz, int fm)"。

（3）定义乘法函数 "void mul(int a, int b, int c, int d)"。

（4）定义加法函数 "void add(int a, int b, int c, int d)"。

（5）定义减法函数 "void sub(int a, int b, int c, int d)"。

（6）定义除法函数 "void chu(int a, int b, int c, int d)"。

（7）main( ) 函数中，应用 switch 语句，根据输入的符号选择不同函数的调用，具体如下。

```
{
    case '+':add(a,b,c,d);break;        /* 调用加法函数 */
    case '*':mul(a,b,c,d);break;        /* 调用乘法函数 */
    case '-':sub(a,b,c,d);break;        /* 调用减法函数 */
    case '/':chu(a,b,c,d);break;        /* 调用除法函数 */
}
```

二、编写程序

```
#include<stdio.h>                       /* 引用头文件 */
#include<conio.h>
int gys(int x,int y)                    /* 定义函数 gys 求最大公约数 */
{
    return y?gys(y,x%y):x;      /* 递归调用 gys，利用条件语句返回最大公约数 */
}
void yuefen(int fz,int fm)              /* 定义约分函数 yuefen*/
{
    int s=gys(fz,fm);
    fz/=s;
    fm/=s;
    printf("Operation result:%d/%d\n",fz,fm);
}
void add(int a,int b,int c,int d)       /* 定义加法函数 */
```

```
{
    int fz,fm;
    fz=a*d+b*c;
    fm=b*d;
    yuefen(fz,fm);
}
void mul(int a,int b,int c,int d)       /*定义乘法函数 */
{
    int fz,fm;
    fz=a*c;
    fm=b*d;
    yuefen(fz,fm);
}
void sub(int a,int b,int c,int d)       /*定义减法函数 */
{
    int fz,fm;
    fz=a*d-b*c;
    fm=b*d;
    yuefen(fz,fm);
}
void chu(int a,int b,int c,int d)       /*定义除法函数 */
{
    int fz,fm;
    fz=a*d;
    fm=b*c;
    yuefen(fz,fm);
}
int main()
{
    char op;
    int a,b,c,d;
    printf("Please enter the desired expression in operation:\n");
    scanf_s("%d/%d %c %d/%d",&a,&b,&op,1,&c,&d);
                                        /* 中间的计算符号两边要用空格隔开 */
    switch(op)                          /* 根据输入的符号选择不同函数的调用 */
    {
        case '+':add(a,b,c,d);break;    /*调用加法函数 */
        case '*':mul(a,b,c,d);break;    /*调用乘法函数 */
        case '-':sub(a,b,c,d);break;    /*调用减法函数 */
        case '/':chu(a,b,c,d);break;    /*调用除法函数 */
    }
```

```
    _getch();
    return 0;
}
```

三、调试运行

在编辑窗口中输入和修改 C 语言源程序，调试运行。

输入算式时注意本程序的格式要求，"$\dfrac{7}{10} \times \dfrac{5}{6}$" 按 "7/10*5/6" 的形式输入，不加括号，7、10、*、5、6 分别对应 a、b、op、d、e。

程序运行结果如图 3-5-25 所示。

图 3-5-25　程序运行结果

定义函数求最大公约数 "int gys(int x, int y)" 时，方法思路和算法设计是关键。本程序运用 "return y?gys(y, x%y):x;" 语句的功能是递归调用自定义函数 gys，利用条件语句返回最大公约数。

小提示

　　程序中出现分子、分母数据时，分子、分母数据变量一定要定义成整型。

　　注意收集和积累使用过或阅读过的自定义函数，以备编辑程序时随时使用。

任务 6　按顺序输出 10 种水果名称——指针的使用

1. 掌握指针与地址的概念。
2. 掌握指针变量的定义、初始化及指针的运算。
3. 掌握指针作为函数参数的应用。
4. 掌握指针与数组、指针数组、二级指针等知识。

运用指针编程是 C 语言主要的风格之一。利用指针变量可以操作各种数据结构，很方便地使用数组和字符串，从而编写出精练而高效的程序，指针丰富了 C 语言的功能。本任务是运用指针变量输入 10 种水果名称，并按字母先后顺序排列后输出。

本任务具体要求是以字符串的形式随机输入不同的水果名，应用指针数组等知识编写程序，把输入的水果名称排序，再按字母先后顺序输出这些水果名称。

一、C 语言中地址与指针的概念

1. 地址的概念

计算机中的数据存放在存储器中，一般把存储器中的一个或几个字节称为一个内存单元，不同的数据类型所占用的内存单元数不等，为了正确地访问这些内存单元，必须为每个内存单元编上号，根据一个内存单元的编号就可以准确地找到该内存单元，内存单元的编号也称地址。一个内存地址可能包含多个内存单元。

2. 指针的基本概念

指针是简单变量、数组、函数等某个对象所占用的存储单元的首地址。专门用来存放某种类型变量的首地址（指针值）的变量称为该种类型的指针变量。

对于一个内存单元来说，内存单元的地址即为指针，其中存放的数据是该内存单元的内容，内存单元的指针和内存单元的内容是两个不同的概念。

指针变量是 C 语言中数据类型的特殊变量，一个指针值是一个地址，一个指针变量可以被赋予不同的指针值。指针不仅可以是变量的地址，还可以是数组、数组元素、函数的地址。正确地使用指针，能够有效地表示和处理复杂的数据结构，特别有利于对动态数据的管理。指针的概念比较复杂，而且用法也非常灵活，要想真正掌握它，就必须多思考、多实践。

二、指针变量的定义和引用

1. 指针变量的定义

定义指针变量的目的是通过指针去访问内存单元。指针变量的值不仅可以是变量的地址，也可以是其他数据结构的地址。在 C 语言中，一种数据类型或数据结构往往都占有一组连续的内存单元。用"地址"这个概念并不能很好地描述一种数据类型或数据结构，而"指针"虽然实际上也是一个地址，但它却是一个数据结构的首地址，它是"指向"一个数据结构的，因而概念更为清楚，表示更为明确。

定义指针变量的一般形式如下。

类型说明符　*指针变量名；

其中，"类型说明符"表示本指针变量所指向的变量的数据类型；"*"表示这是一个指针变量。

例如，以下是指向不同数据类型指针变量的语句。

```
int *z1;               /*z1 是指向整型变量的指针变量 */
char *x1;              /*x1 是指向字符型变量的指针变量 */
float *v1;             /*v1 是指向浮点型变量的指针变量 */
```

一个指针变量只能指向同类型的变量，例如，v1 定义为指向浮点型变量的指针后，不能时而指向一个浮点型变量，时而又指向一个字符型变量。

指针变量指向的变量要预先定义。指针变量的定义语句及其含义见表 3-6-1。

表 3-6-1　指针变量的定义语句及其含义

定义	含义
int *p;	定义 p 为指向整型数据的指针变量
int *p[n];	定义指针数组 p，它由 n 个指向整型数据的指针元素组成
int (*p)[n];	定义 p 为指向含 n 个元素的一维数组的指针变量
int *p( );	定义 p 为返回一个指针的函数，该指针指向整型数据

续表

定义	含义
int (*p)( );	定义 p 为指向函数的指针，该函数返回一个整型数据
int **p;	定义 p 为一个指针变量，它指向一个指向整型数据的指针变量

2. 指针变量的引用

（1）指针运算符。

指针运算符包括取地址运算符"&"和取内容运算符"*"。取地址运算符"&"是单目运算符，其结合性为右结合性，其功能是取变量的地址。取内容运算符"*"是单目运算符，其结合性为右结合性，用来表示指针变量所指的变量。

需要注意的是指针运算符"*"和指针变量定义中的指针说明符"*"是不同的，在指针变量定义中出现的"*"是类型说明符，表示其后的变量是指针类型，而在表达式中出现的"*"则是一个指针运算符，表示指针变量所指的变量，即通过指针变量间接访问指针指向的变量。

例如，i_pointer 代表指针变量，而 *i_pointer 是 i_pointer 所指向变量的值，因此，下面两个语句作用相同。

```
i=8;
*i_pointer=8;
```

第一个语句的含义是将 8 赋给变量 i，第二个语句的含义是将 8 赋给指针变量 i_pointer 所指向的变量。

指针变量同普通变量一样，使用之前不仅要定义，而且必须赋予具体的值。指针变量的赋值只能赋予有效地址。

若指向整型变量的指针变量为 a，把整型变量 b 的地址赋予 a 有两种方式，即指针变量初始化的方式和赋值语句的方式。

指针变量初始化的语句如下。

```
int b;
int *a=&b;
```

赋值语句如下。

```
int b;
int *a;
a=&b;
```

【例 3-6-1】阅读下列程序，观察和理解 "*" 符号的用法。

```c
#include<stdio.h>
#include<conio.h>
int main()
{
    int a=1,*b=&a;
    printf("%d",*b);
    _getch();
    return 0;
}
```

程序运行结果如图 3-6-1 所示。

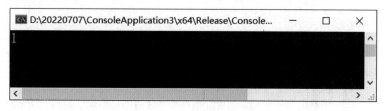

图 3-6-1　程序运行结果

语句 "int a=1, *b=&a;" 中的 "*b=&a;" 表示指针变量 b 获取了整型变量 a 的地址。"printf("%d", *b);" 语句表示输出变量 a 的值。

指针变量和一般变量一样，其存储的值是可以改变的。例如以下语句。

```c
char i,j,*p1,*p2;
i='a';
j='b';
p1=&i;
p2=&j;
```

这时如果执行赋值表达式 "p2=p1"，就使 p2 与 p1 指向同一对象 i，此时 "*p2" 就等价于 i，而不是 j。

如果执行表达式 "*p2=*p1;"，则表示把 p1 指向的内容赋给 p2 所指的区域。

（2）指针变量的运算。

1）赋值运算。指针变量的赋值运算，有以下几种形式。

①指针变量初始化赋值，例如以下语句。

```c
int b;
int *a=&b;
```

②把一个变量的地址赋予指向相同数据类型的指针变量，例如以下语句。

```
int a,*ba;
ba=&a;      /* 把整型变量 a 的地址赋予整型指针变量 ba*/
```

③把一个指针变量的值赋予指向相同类型变量的另一个指针变量，例如以下语句。

```
int a;
int *ca,*cb;
ca=&a;
cb=ca;      /* 把 a 的地址赋予指针变量 cb*/
```

④把数组的首地址赋予指向数组的指针变量，例如以下语句。

```
int a[1],*ba;
ba=a;
```

也可写为以下语句。

```
ba=&a[0];      /* 数组第一个元素的地址也是整个数组的首地址，也可赋予 ba*/
```

当然也可采取初始化赋值的方法，写为以下语句。

```
int a[1],*ba=a;
```

⑤把字符串的首地址赋予指向字符类型的指针变量，例如以下语句。

```
char *bc;
bc="C";
```

或用初始化赋值的方法写为以下语句。

```
char *bc="C";
```

⑥把函数的首地址赋予指向函数的指针变量，例如以下语句。

```
int(*bd)();
bd=d;      /*d 为函数名 */
```

2）加减算术运算。数组指针变量向前或向后移动一个位置和地址加 1 或减 1 在概念上是不同的。因为数组可以有不同的类型，各种类型的数组元素所占的字节长度是不同的，指针变量的加减运算只能对数组指针变量进行，对指向其他类型变量的指针变量作加减运算是无意义的，例如以下语句。

```
int a[5],*ba;
ba=a;                   /*ba 指向数组 a，也就是指向 a[0]*/
ba=ba+2;                /*ba 指向 a[2]，即 ba 的值为 &ba[2]*/
```

3）两个指针变量之间的运算。只有指向同一数组的两个指针变量之间才能进行运算，否则运算无意义。

两指针变量进行关系运算是指向同一数组的两指针变量进行关系运算，表示它们所指数组元素之间的位置关系。

例如，表达式"pf1==pf2"表示 pf1 和 pf2 指向同一数组元素，表达式"pf1>pf2"表示 pf1 处于高地址位置，表达式"pf1<pf2"表示 pf1 处于低地址位置。

指针变量还可以与 0 比较。例如，设 p 为指针变量，则"p==0"表示 p 是空指针，它不指向任何变量；"p!=0"表示 p 不是空指针。空指针是由对指针变量赋予 0 值而得到的。例如，以下语句的功能是定义指针变量 a 为空指针。

```
#define NULL 0
int *a=NULL;
```

对指针变量赋 0 值和不赋值是不同的。指针变量未赋值时，可以是任意值，它指向的是脏数据（未经验证或不符合预期格式的数据）。指针变量赋 0 值后，可以使用，只是它不指向具体的变量。

【例 3-6-2】观察分析下列程序中的指针变量，分析运行结果，并上机调试、运行验证。

```
#include<stdio.h>
#include<conio.h>
int main()
{
    int a=1,b=2,s,t,*pa,*pb;      /*说明 pa，pb 为整型指针变量 */
    pa=&a;                       /*给指针变量 pa 赋值，pa 指向变量 a*/
    pb=&b;                       /*给指针变量 pb 赋值，pb 指向变量 b*/
    s=*pa+*pb;                   /*求 a+b 之和，(*pa 就是 a，*pb 就是 b）*/
    t=*pa**pb;                   /*求 a*b 的值 */
    printf("a=%d\nb=%d\na+b=%d\na*b=%d\n",a,b,a+b,a*b);
    printf("s=%d\nt=%d\n",s,t);
    _getch();
    return 0;
}
```

程序运行结果如图 3-6-2 所示。

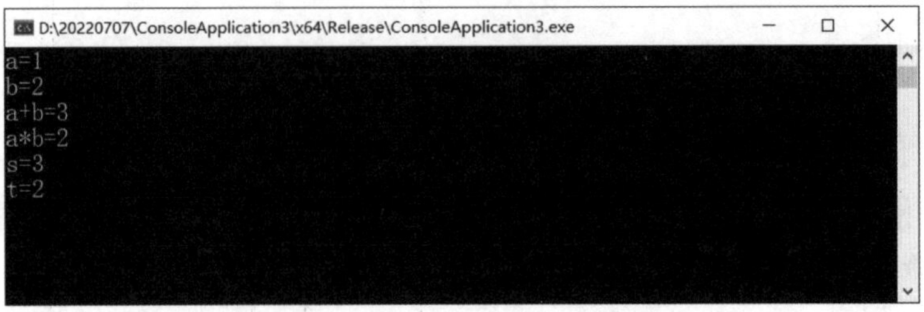

图 3-6-2　程序运行结果

【例 3-6-3】阅读下例程序，观察和理解程序中变量、指针变量及指针变量的指向。

```c
#include<stdio.h>
#include<conio.h>
int main()
{
    int a,b;
    int *pointer_1,*pointer_2;
    a=100;
    b=10;
    pointer_1=&a;
    pointer_2=&b;
    printf("%d,%d\n",a,b);
    printf("%d,%d\n",*pointer_1,*pointer_2);
    _getch();
    return 0;
}
```

程序运行结果如图 3-6-3 所示。

图 3-6-3　程序运行结果

在上例程序开头处虽然定义了两个指针变量 pointer_1 和 pointer_2，但它们并未指向任何一个整型变量，只是提供了两个指针变量，规定它们可以指向整型变量。程序第 9、10 行的作用就是使 pointer_1 指向变量 a，pointer_2 指向变量 b。最后一个 printf( ) 函数中的 *pointer_1 和 *pointer_2 就是输出变量 a 和变量 b 的值。最后两个 printf( ) 函数作用是相同的。

程序中有两处出现"*pointer_1"和"*pointer_2"，应注意正确区分它们的含义。

程序第 9、10 行的"pointer_1=&a"和"pointer_2=&b"不能写成"*pointer_1=&a"和"*pointer_2=&b"。

【例 3-6-4】编写程序，输入 a 和 b 两个整数，使用指针按先大后小顺序输出 a 和 b。

```c
#include<stdio.h>
#include<conio.h>
int main()
{
    int *p1,*p2,*p,a,b;
    scanf_s("%d,%d",&a,&b);
    p1=&a;
    p2=&b;
    if(a<b)
    {
        p=p1;
        p1=p2;
        p2=p;
    }
    printf("\na=%d,b=%d\n",a,b);
    printf("max=%d,min=%d\n",*p1,*p2);
    _getch();
    return 0;
}
```

程序运行结果如图 3-6-4 所示。

图 3-6-4　程序运行结果

【例 3-6-5】使用指针变量编写程序，输入三个整数，输出最大数和最小数。

```c
#include<stdio.h>
```

```
#include<conio.h>
int main()
{
    int a,b,c,*pmax,*pmin;              /*pmax,pmin 为整型指针变量 */
    printf("Input 3 numbers:\n");       /* 输入提示 */
    scanf_s("%d,%d,%d",&a,&b,&c);       /* 输入三个数字 */
    if(a>b)                             /* 如果第一个数字大于第二个数字，执行以下语句 */
    {
        pmax=&a;                        /* 指针变量赋值 */
        pmin=&b;                        /* 指针变量赋值 */
    }
    else
    {
        pmax=&b;                        /* 指针变量赋值 */
        pmin=&a;                        /* 指针变量赋值 */
    }
    if(c>*pmax)
        pmax=&c;                        /* 判断并赋值 */
    if(c<*pmin)
        pmin=&c;                        /* 判断并赋值 */
    printf("max=%d\nmin=%d\n",*pmax,*pmin);    /* 输出结果 */
    _getch();
    return 0;
}
```

程序运行结果如图 3-6-5 所示。

图 3-6-5　程序运行结果

三、指针和函数

1. 指针作为函数参数

函数的参数不仅可以是整型、实型、字符型等数据，还可以是指针类型数据。它的作用是将一个变量的地址传送到另一个函数中。

【例 3-6-6】编写程序，自定义一个函数，以指针变量作为函数参数，输入 a 和 b

两个整数，按先大后小的顺序输出 a 和 b。

```c
#include<stdio.h>
#include<conio.h>
void swap(int *p1,int *p2)
{
    int temp;
    temp=*p1;
    *p1=*p2;
    *p2=temp;
}
int main()
{
    int a,b;
    int *pointer_1,*pointer_2;
    scanf_s("%d,%d",&a,&b);
    pointer_1=&a;
    pointer_2=&b;
    if(a<b)
    swap(pointer_1,pointer_2);
    printf("\n%d,%d\n",a,b);
    _getch();
    return 0;
}
```

程序运行结果如图 3-6-6 所示。

图 3-6-6　程序运行结果

该程序中 swap( ) 是用户定义的函数，它的作用是交换两个变量（a 和 b）的值，swap( ) 函数的形参 p1、p2 是指针变量。程序运行时，首先执行 main( ) 函数，输入 a 和 b 的值，然后将 a 和 b 的地址分别赋给指针变量 pointer_1 和 pointer_2，使 pointer_1 指向 a、pointer_2 指向 b，接着执行 if 语句，由于测试时输入的数字 a<b，因此执行 swap( ) 函数。实参 pointer_1 和 pointer_2 是指针变量，在函数调用时，将实参变量的值传递给形参变量，采取的依然是"值传递"方式，因此虚实结合后形参 p1 的值为 &a，

p2 的值为 &b。这时 p1 和 pointer_1 指向变量 a，p2 和 pointer_2 指向变量 b，接着执行 swap( ) 函数的函数体使 p1 和 p2 的值互换，也就是使 a 和 b 的值互换。函数调用结束后，p1 和 p2 释放。最后在 main( ) 函数中输出的 a 和 b 的值是已经交换过的值。

2. 函数指针变量

在 C 语言中，一个函数总是占用一段连续的内存空间，而函数名就是该函数所占内存空间的首地址。可以把函数的这个首地址赋予一个指针变量，使该指针变量指向该函数。通过指针变量就可以找到并调用这个函数。我们把这种指向函数的指针变量称为函数指针变量。

函数指针变量定义的一般形式如下。

类型说明符　(* 指针变量名)( );

其中"类型说明符"表示被指函数的返回值的类型。"*"后面的变量是定义的指针变量名，最后的空括号表示指针变量所指的是一个函数。

例如语句"int(*pf)( );"表示 pf 是一个指向函数入口的指针变量，该函数的返回值是整型。

调用函数指针变量的一般形式如下。

(* 指针变量名)(实参表)

使用函数指针变量还应注意以下两点。

第一，对函数指针变量进行算术（指针）运算是没有意义的，这与数组指针变量不同。数组指针变量加减一个整数可使指针在内存的数据存储区移动指向后面或前面的数组元素，而函数指针的移动是在程序存储空间变换地址，是无意义的。

第二，函数调用中"(* 指针变量名)"的两边的括号不可少，其中的"*"不应该理解为求值运算，在此处它只是一种表示符号。

【例 3-6-7】编写程序，用指针形式实现对函数的调用。输入两个数输出较大的数。

```c
#include<stdio.h>
#include<conio.h>
int max(int a,int b)
{
    if(a>b)
    return a;
    else
    return b;
}
int main()
{
```

```
    int (*pmax)(int a,int b);
    int x,y,z;
    int max(int a,int b);
    pmax=max;
    printf("Input two numbers:\n");
    scanf_s("%d%d",&x,&y);     /* "%d%d" 中间没有 "," 隔开，x、y 之间用空格
或回车输入 */
    z=(*pmax)(x,y);
    printf("maxnum=%d",z);
    _getch();
    return 0;
}
```

程序运行结果如图 3-6-7 所示。

图 3-6-7　程序运行结果

函数指针变量形式调用函数的步骤如下。

先定义函数指针变量，如程序中"int (*pmax)(int a, int b);"，定义 pmax 为函数指针变量。把被调函数的首地址赋予该函数指针变量，如程序中的语句"pmax=max;"。用函数指针变量形式调用函数，如程序第 18 行的语句"z=(*pmax)(x, y);"。

3. 指针型函数

函数类型是指函数返回值的类型。在 C 语言中允许一个函数的返回值是一个指针，这种返回指针值的函数称为指针型函数。

定义指针型函数的一般形式如下。

类型说明符　＊函数名 (形参表)

{

…　　　　　/* 函数体 */

}

其中"类型说明符"表示返回的指针值所指向的数据类型，函数名之前加了"＊"号表明这是一个指针型函数，即返回值是一个指针。

例如以下语句。

```
int *ap(int x,int y)
{
...          /* 函数体 */
}
```

这段语句表示 ap 是一个返回指针值的指针型函数，它返回的指针指向一个整型变量。

【例 3-6-8】编写程序，通过指针函数实现输入一个 1~7 的整数，输出对应的星期名。

```
#include<stdio.h>
#include<conio.h>
#include<stdlib.h>
const char* day_name(int n)
{
static const char *name[]={"Illegal day",          /*name[0]*/
        "Monday",
        "Tuesday",
        "Wednesday",
        "Thursday",
        "Friday",
        "Saturday",
        "Sunday"};
return((n<1||n>7)?name[0]:name[n]);
}
int main()
{
    int i;
    const char *day_name(int n);
    printf("Input Day No:\n");
    scanf_s("%d",&i);
    if(i<0)
        exit(1);                                /* 退出 */
    printf("Day No:%2d-->%s\n",i,day_name(i));
    _getch();
    return 0;
}
```

程序运行结果如图 3-6-8 所示。

图 3-6-8　程序运行结果

本例中定义了一个指针型函数 day_name( )，它的返回值指向一个字符串。该函数中定义了一个静态指针数组 name。name 数组初始化赋值为八个字符串，分别表示各个星期名及出错提示。形参 n 表示与星期名所对应的整数。在主函数中，把输入的整数 i 作为实参，在 printf 语句中调用 day_name( ) 函数并把 i 值传送给形参 n。day_name( ) 函数中的 return 语句包含一个条件表达式，n 值若大于 7 或小于 1 则把 name[0] 指针返回主函数输出出错提示字符串 "Illegal day"，否则返回主函数输出对应的星期名。主函数中条件语句的语义是如输入为负数（i<0）则中止程序运行退出程序。exit 是一个库函数，exit(1) 表示发生错误后退出程序，exit(0) 表示正常退出。

函数指针变量和指针型函数在写法和意义上的区别很大，如语句 "int(*p)( );" 和 "int*p( );" 定义的是两个完全不同的量。

语句 "int(*p)( );" 是一个变量说明，说明 p 是一个指向函数首地址的指针变量，该函数的返回值是整型变量，"(*p)" 的两边的括号不能少。

语句 "int*p( );" 不是变量说明而是函数说明，说明 p 是一个指针型函数，其返回值是一个指向整型变量的指针，"*p" 两边没有括号。

四、指针和数组

1. 通过指针引用数组

C 语言规定，如果指针变量 p 已指向数组中的一个元素，则 p+1 指向同一数组中的下一个元素。

引入指针变量后，就可以用两种方法来访问数组元素。

如果指针变量 p 的初值为 &a[0]，则 "p+i" 和 "a+i" 就是 a[i] 的地址，或者说它们指向 a 数组的第 i 个元素；"*(p+i)" 或 "*(a+i)" 就是 "p+i" 或 "a+i" 所指向的数组元素，即 a[i]，例如语句 "*(p+5)" 或 "*(a+5)" 就是 a[5]。

指向数组的指针变量也可以带下标。例如表达式 "p[i]" 与 "*(p+i)" 等价。

根据以上叙述，引用一个数组元素可以用下标法和指针法。

（1）下标法，即用 a[i] 形式访问数组元素。在前面介绍数组时都是采用这种方法。

（2）指针法，即采用"*(a+i)"或"*(p+i)"形式，用间接访问的方法来访问数组元素，其中 a 是数组名，p 是指向数组的指针变量，其初值为 p=a。

【例 3-6-9】编写程序，用下标法输出数组中的部分元素。

```c
#include<stdio.h>
#include<conio.h>
int main()
{
    int a[10],i;
    for(i=0;i<10;i++)
    a[i]=i;
    for(i=0;i<5;i++)
    printf("a[%d]=%d\n",i,a[i]);
    _getch();
    return 0;
}
```

程序运行结果如图 3-6-9 所示。

图 3-6-9　程序运行结果

【例 3-6-10】编写程序，通过指针操作数组，输出数组中的全部元素。

```c
#include<stdio.h>
#include<conio.h>
int main()
{
    int a[10],i;
    for(i=0;i<10;i++)
        *(a+i)=i;
    for(i=0;i<10;i++)
        printf("a[%d]=%d\n",i,*(a+i));
    _getch();
    return 0;
}
```

程序运行结果如图 3-6-10 所示。

图 3-6-10 程序运行结果

【例 3-6-11】编写程序，用指针变量指向元素，输出数组中的全部元素。

```c
#include<stdio.h>
#include<conio.h>
int main()
{
    int a[10],i,*p;
    p=a;
    for(i=0;i<10;i++)
        *(p+i)=i;
    for(i=0;i<10;i++)
        printf("a[%d]=%d\n",i,*(p+i));
    _getch();
    return 0;
}
```

程序运行结果如图 3-6-11 所示。

图 3-6-11 程序运行结果

2. 指针变量、数组名分别做函数形参和实参

指针变量、数组名做函数参数有四种情况。实参和形参都用数组名；实参用数组名，形参用指针变量；实参和形参都用指针变量；实参用指针变量，形参用数组名。

（1）函数的实参和形参都是数组名。

例如以下语句。

```
void f(int arr[],int n);
int main()
{
    int array[10];
        …
    f(array,10);
        …
}
void f(int arr[],int n)
    {
        …
    }
```

array 为实参数组名，arr 为形参数组名。数组名就是数组的首地址，实参向形参传送数组名，实际上就是传送数组的首地址，形参得到该地址后也指向同一数组。

同样，指针变量的值也是地址，数组指针变量的值即为数组某元素的地址，当然也可作为函数的参数使用。

（2）实参用数组名，形参用指针变量。

【例 3-6-12】编写程序，自定义函数，形参用指针变量，实参用数组名，将数组 a 中的 n 个整数按相反顺序存放并输出。

```
#include<stdio.h>
#include<conio.h>
void inv(int *x,int n)        /*形参 x 为指针变量*/
{
    int *p,temp,*i,*j,m=(n-1)/2;
    i=x;
    j=x+n-1;
    p=x+m;
    for(;i<=p;i++,j--)
        {
            temp=*i;
            *i=*j;
            *j=temp;
        }
    return;
}
int main()
{
```

```
    int i,a[10]={3,7,9,11,0,6,7,5,4,2};
    printf("The original array:\n");
    for(i=0;i<10;i++)
    printf("%d    ",a[i]);
    printf("\n");
    inv(a,10);
    printf("The array has been inverted to:\n");
    for(i=0;i<10;i++)
    printf("%d    ",a[i]);
    printf("\n");
    _getch();
    return 0;
}
```

程序运行结果如图 3-6-12 所示。

图 3-6-12　程序运行结果

（3）实参和形参都用指针变量。

【例 3-6-13】编写程序，自定义函数，形参和实参都用指针变量，将数组 a 中的 n 个整数按相反顺序存放并输出。

程序如下。

```
#include<stdio.h>
#include<conio.h>
void inv(int *x,int n)
{
    int *p,m,temp,*i,*j;
    m=(n-1)/2;
    i=x;
    j=x+n-1;
    p=x+m;
    for(;i<=p;i++,j--)
    {
```

```
        temp=*i;
        *i=*j;
        *j=temp;
    }
    return;
}
int main()
{
    int i,arr[10]={3,7,9,11,0,6,7,5,4,2},*p;
    p=arr;
    printf("The original array:\n");
    for(i=0;i<10;i++,p++)
        printf("%d ",*p);
    printf("\n");
    p=arr;
    inv(p,10);
    printf("The array has been inverted to:\n");
    for(p=arr;p<arr+10;p++)
        printf("%d ",*p);
    printf("\n");
    _getch();
    return 0;
}
```

程序运行结果如图 3-6-13 所示。

图 3-6-13　程序运行结果

　　main( ) 函数中的指针变量 p 是有确定值的。即如果用指针变量做实参，必须先使指针变量有确定值，指向一个已定义的数组。

　　（4）实参用指针变量，形参用数组名。

　　【例 3-6-14】编写程序，自定义函数，形参用数组名，实参用指针变量，对 10 个整数排序。

```c
#include<stdio.h>
#include<conio.h>
void sort(int x[],int n);
int main()
{
    int *p,i,a[10]={3,7,9,11,0,6,7,5,4,2};
    printf("The original array:\n");
    for(i=0;i<10;i++)
        printf("%d ",a[i]);
    printf("\n");
    p=a;
    sort(p,10);
    printf("The array has been inverted to:\n");
    for(p=a,i=0;i<10;i++)
    {
        printf("%d    ",*p);
        p++;
    }
    printf("\n");
    _getch();
    return 0;
}
void sort(int x[],int n)
{
    int i,j,k,t;
    for(i=0;i<n-1;i++)
    {                              /* 通常把以下排序方法称为选择排序法 */
        k=i;
        for(j=i+1;j<n;j++)
        if(x[j]>x[k])
            k=j;
        if(k!=i)
        {
            t=x[i];
            x[i]=x[k];
            x[k]=t;
        }
    }
}
```

程序运行结果如图 3-6-14 所示。

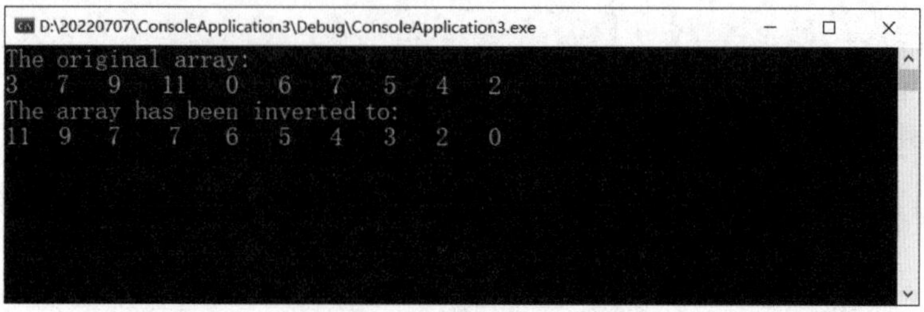

图 3-6-14　程序运行结果

函数 sort( ) 用数组名作为形参，也可改为用指针变量，这时函数体的其他语句不变，其首部可以改为语句"void sort(int*x, int n)"。

学习中注意比较以上四种参数所在的程序的相同点与不同点。

3．指向多维数组的指针

（1）多维数组的地址。

设有整型二维数组 a[3] [4] 如下。

0　　1　　2　　3

4　　5　　6　　7

8　　9　　10　　11

它的定义语句如下。

```
int a[3][4]={{0,1,2,3},{4,5,6,7},{8,9,10,11}};
```

假设 16 位机器中数组 a 的首地址为 0x1000。

前面介绍过，C 语言允许把一个二维数组分解为多个一维数组来处理。因此数组 a 可分解为三个一维数组，即 a[0]、a[1] 和 a[2]。每一个一维数组又含有四个元素，例如 a[0] 数组中含有 a[0][0]、a[0][1]、a[0][2]、a[0][3] 四个元素。

数组及数组元素的地址表示如下。

从二维数组的角度来看，"a"是二维数组名，"a"代表整个二维数组的首地址，也是二维数组第 1 行的首地址，等于 0x1000。表达式"a+1"代表第 2 行的首地址，等于 0x1008。

"a[0]"是第一个一维数组的数组名和首地址，因此也为 0x1000。表达式"*(a+0)"或"*a"是与 a[0] 等效的，它表示一维数组 a[0] 第 0 号元素的首地址，也为 0x1000。"&a[0][0]"是二维数组 a 的 0 行 0 列元素地址，同样是 0x1000。由此可得出，表达式"a+i""a[i]""*(a+i)"是等价的。

例如：

```c
#include<stdio.h>
#include<conio.h>
int main(int argc,char **argv)
{
    int a[3][4]={0,1,2,3,4,5,6,7,8,9,10,11};
    printf("%x    ",a);
    printf("%x    ",*a);
    printf("%x    ",a[0]);
    printf("%x    ",&a[0]);
        printf("%x\n",&a[0][0]);
    printf("%x    ",a+1);
    printf("%x    ",*(a+1));
    printf("%x    ",a[1]);
    printf("%x    ",&a[1]);
        printf("%x\n",&a[1][0]);
    printf("%x    ",a+2);
    printf("%x    ",*(a+2));
    printf("%x    ",a[2]);
    printf("%x    ",&a[2]);
    printf("%x\n",&a[2][0]);
    printf("%x    ",a[1]+1);
    printf("%x\n",*(a+1)+1);
    printf("%d    %d\n",*(a[1]+1),*(*(a+1)+1));
    _getch();
    return 0;
}
```

上例代码在 16 位、32 位和 64 位机器中运行的结果显示的位数是不同的，如图 3-6-15 所示的程序运行结果仅供参考。

图 3-6-15 程序运行结果（参考）

（2）指向多维数组的指针变量。

把二维数组 a 分解为一维数组 a[0]、a[1]、a[2] 之后，设 p 为指向二维数组的指针变量，可使用定义语句"int (*p) [4];"，它表示 p 是一个指针变量，它指向包含 4 个元素的一维数组。若 p 指向第一个一维数组 a[0]，其值等于 a、a[0] 或 &a[0] [0] 等。而"p+i"则指向一维数组 a[i]。从前面的分析可得出"*(p+i)+j"是二维数组 i 行 j 列的元素的地址，而"*(*(p+i)+j)"则是 i 行 j 列元素的值。

二维数组指针变量说明的一般形式如下。

类型说明符　(* 指针变量名) [长度]

其中"类型说明符"为所指数组的数据类型。"*"表示其后的变量是指针类型。"长度"表示二维数组分解为多个一维数组时，一维数组的长度，也就是二维数组的列数。应注意"(* 指针变量名)"两边的括号不可少，如缺少括号则表示是指针数组，意义就完全不同了。

【例 3-6-15】编写程序，使用二维数组指针变量，输出下列二维数组值。

0	1	2	3
4	5	6	7
8	9	10	11

源程序如下。

```c
#include<stdio.h>
#include<conio.h>
int main()
{
    int a[3][4]={0,1,2,3,4,5,6,7,8,9,10,11};
    int (*p)[4];
    int i,j;
    p=a;
    for(i=0;i<3;i++)
    {
        for(j=0;j<4;j++)
            printf("%2d ",*(*(p+i)+j));
        printf("\n");
    }

    _getch();
    return 0;
}
```

程序运行结果如图 3-6-16 所示。

图 3-6-16　程序运行结果

4. 指针数组的概念

一个元素值为指针的数组即为指针数组。指针数组是一组有序的指针的集合。指针数组的所有元素都必须是具有相同存储类型或指向相同数据类型的指针变量。指针数组说明的一般形式如下。

类型说明符　＊数组名［数组长度］;

其中"类型说明符"为指针值所指向的变量的类型。例如语句"int *pa[3];"表示 pa 是一个指针数组，它有三个数组元素，每个元素值都是一个指针，指向整型变量。

通常可用一个指针数组来指向一个二维数组。指针数组中的每个元素被赋予二维数组每一行的首地址，因此也可理解为指针数组中的每个元素指向一个一维数组。

二维数组指针变量是单个的变量，其一般形式中"(* 指针变量名)"两边的括号不可少。而指针数组类型表示的是多个指针（一组有序指针），在一般形式中"* 指针数组名"两边不能有括号。

5. 指向指针的指针

如果一个指针变量存放的是另一个指针变量的地址，则称这个指针变量为指向指针的指针变量。通过指针访问变量称为间接访问。由于指针变量直接指向变量，该指针变量中存放了一个目标变量的地址，所以称为"单级间址"。通过指向指针的指针变量来访问变量则构成"二级间址"。

定义一个指向指针型数据的指针变量 p 可使用语句"char **p;"，其中 p 前面有两个"*"号，相当于表达式"*(*p)"。显然"*p"是指针变量的定义形式，如果没有最前面的"*"，那就是定义了一个指向字符数据的指针变量，它前面又有一个"*"号，表示指针变量 p 是指向一个字符指针型变量，"*p"就是 p 所指向的另一个指针变量。

【例 3-6-16】编写程序，使用指向指针的指针变量输出数组中的字符串元素。

```
#include<stdio.h>
#include<conio.h>
int main()
```

```
{
    const char *name[]={"Follow me","BASIC","Great Wall","FORTRAN",
"Computer design"};
    const char **p;
    int i;
    for(i=0;i<5;i++)
    {
        p=name+i;
        printf("%s\n",*p);
    }
    _getch();
    return 0;
}
```

程序运行结果如图 3-6-17 所示。

图 3-6-17　程序运行结果

【例 3-6-17】编写程序，采取用指针数组的元素指向数据的方法输出正奇数数列的前五项。

```
#include<stdio.h>
#include<conio.h>
int main()
{
    static int a[5]={1,3,5,7,9};
    int *num[5]={&a[0],&a[1],&a[2],&a[3],&a[4]};
    int **p,i;
    p=num;
    for(i=0;i<5;i++)
    {
        printf("%d\t",**p);
        p++;
    }
    _getch();
```

```
    return 0;
}
```

程序运行结果如图 3-6-18 所示。

图 3-6-18　程序运行结果

五、指针和字符串

1. 字符串的表示形式

在 C 语言中，可以用两种方法访问一个字符串。

（1）用字符数组存放一个字符串。

【例 3-6-18】编写程序，用字符数组存放一个字符串，并输出该字符串。

```
#include<stdio.h>
#include<conio.h>
int main()
{
    char string[]={"I love China!"};
    printf("%s\n",string);
    _getch();
    return 0;
}
```

程序运行结果如图 3-6-19 所示。

图 3-6-19　程序运行结果

（2）用字符串指针变量指向一个字符串。

【例 3-6-19】编写程序，用字符串指针变量指向并输出一个字符串。

```
#include<stdio.h>
#include<conio.h>
int main()
{
    const char *string=" I love China!";
    printf("%s\n",string);
    _getch();
    return 0;
}
```

程序运行结果如图 3-6-20 所示。

图 3-6-20　程序运行结果

字符串指针变量的定义说明与指向字符型变量的指针变量的定义说明是相同的，只能按对指针变量的赋值不同来区别，对指向字符型变量的指针变量应赋予该字符型变量的地址。

【例 3-6-20】编写程序，使用字符串指针变量输出字符串中 n 个字符后（以 $n=10$ 为例）的所有字符。

```
#include<stdio.h>
#include<conio.h>
int main()
{
    const char *ps="this is a book";
    int n=10;
    ps=ps+n;
    printf("%s\n",ps);
    _getch();
    return 0;
}
```

程序运行结果如图 3-6-21 所示。

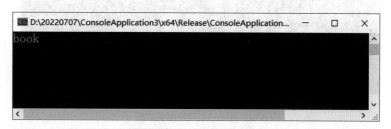

图 3-6-21　程序运行结果

在上例程序中对 ps 初始化时，把字符串首地址赋予了 ps，当执行表达式 "ps=ps+10" 之后，ps 指向字符 "b"，因此输出为 "book"。

【例 3-6-21】编写程序，在输入的字符串中查找是否存在字符 "k"。

```c
#include<stdio.h>
#include<conio.h>
int main()
{
    char st[100],*ps;
    int i;
    printf("Input a string:\n");
    ps=st;
    scanf_s("%s",ps,100);
    for(i=0;ps[i]!='\0';i++)
    if(ps[i]=='k')
    {
        printf("There is a 'k' in the string.\n");
        break;
    }
    if(ps[i]=='\0')
        printf("There is no 'k' in the string.\n");
    _getch();
    return 0;
}
```

输入的字符串中有 "k" 时，程序运行结果如图 3-6-22a 所示，输入的字符串中没有 "k" 时，程序运行结果如图 3-6-22b 所示。

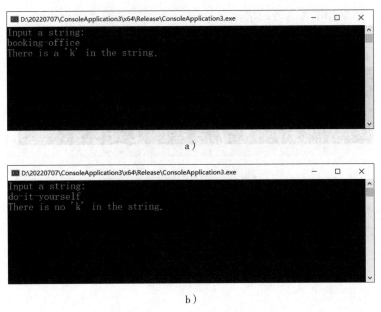

a）

b）

图 3-6-22　程序运行结果

a）输入字符串"booking-office"　b）输入字符串"do-it-yourself"

2. 字符串指针变量与字符数组的区别

用字符数组和字符串指针变量都可实现字符串的存储和运算，但是两者是有区别的。

字符串指针变量本身是一个变量，用于存放字符串的首地址，而字符串本身是存放在以该首地址为首的一块连续的内存空间中，以"\0"字符作为字符串的结束。字符数组是由若干个数组元素组成的，这些数组元素是字符串中的字符。

字符串指针变量的书写方式可如以下语句。

```
char *ps="C Language";
```

可以写为如下形式。

```
char *ps;
ps="C Language";
```

而对字符数组的书写方式可如以下语句。

```
char st[]={"C Language"};
```

不能写为如下形式。

```
char st[10];
st={"C Language"};
```

字符数组只能对字符数组的各元素逐个赋值。

指针变量在未取得确定地址前使用是危险的，容易引起错误，C 语言对指针变量赋值时要给以确定的地址。

一、设计程序

（1）定义一个名为 sort 的函数，即语句"void sort(char *name[ ], int n)"，其功能是完成排序，其中的形参指针数组 name 为待排序的各字符串数组的指针，形参 n 为字符串的个数。

（2）定义一个名为 print 的函数，即语句"void print(char *name[ ], int n)"，用于排序后字符串的输出，其形参与 sort( ) 函数的形参相同。

（3）主函数 main 中，定义了指针数组 name，并赋初值"static char *name[ ]= { "…", ,…};"。

（4）分别调用 sort( ) 函数和 print( ) 函数，即使用语句"sort(name, n);"和"print (name, n);"，完成排序和输出。

（5）在 sort( ) 函数中调用库函数 strcmp( ) 对两个字符串比较。库函数 strcmp( ) 是字符串比较函数，它的完整定义语句如下。

```
int strcmp(const char *str1, const char *str2)
```

库函数 strcmp( ) 的功能是把 str1 所指向的字符串和 str2 所指向的字符串进行比较。返回值小于 0 表示 str1 小于 str2，返回值大于 0 表示 str1 大于 str2，返回值等于 0 表示 str1 等于 str2。

在 sort( ) 函数中，strcmp( ) 函数允许参与比较的字符串以指针方式出现，在该例源程序中 name[k] 和 name[j] 均为指针，因此是合法的。

二、编写程序

```
#include<stdio.h>
#include<conio.h>
#include<string.h>                    /*头部文件，包含库函数 strcmp()*/
void sort(const char *name[],int n);
void print(const char *name[],int n);
int main()
```

```
{
    static const char *name[]={"BANANA","STRAWBERRY","APPLE","GRAPE",
"DURIAN","PITAYA","PINEAPPLE","WATERMELON","CHERRY","PEACH"};
                                            /* 静态指针数组 */
    int n=10;
    sort(name,n);
    print(name,n);
    _getch();
    return 0;
}
void sort(const char *name[],int n)
{
    const char *pt;
    int i,j,k;
    for(i=0;i<n-1;i++)
    {
        k=i;
        for(j=i+1;j<n;j++)
            if(strcmp(name[k],name[j])>0)  /*strcmp() 函数是字符串比较函数 */
                k=j;
            if(k!=i)
            {
                pt=name[i];
                name[i]=name[k];
                name[k]=pt;
            }
    }
}
void print(const char *name[],int n)
{
    int i;
    for(i=0;i<n;i++)
        printf("%s\n",name[i]);
}
```

三、调试运行

在编辑窗口中输入和修改 C 语言源程序，调试运行，程序运行结果如图 3-6-23
所示。

图 3-6-23　程序运行结果

小提示

　　字符串比较后需要交换时，只交换指针数组元素的值，而不交换具体的字符串，这样将大大减少时间的占用，提高了运行效率。

任务 7　输出学生成绩——结构体的使用

学习目标

　　1. 能熟练使用结构体变量、结构体数组以及结构体类型的指针，利用指针处理链表。
　　2. 了解共用体数据类型的特点。

任务描述

　　在实际应用中，一组数据往往具有不同的数据类型。例如，在学生成绩单中，姓名应为字符型数据，学号可为整型或字符型数据，年龄应为整型数据，性别应为字符型数据，成绩可为整型或实型数据。显然不能用一个数组来存放这一组数据，因为数组中各元素的类型和长度都必须一致，以便编译系统处理。为了解决这样的问题，C语言中给出了另一种构造数据类型——结构体。本任务通过使用结构体设计和编写程序的实例，介绍结构体变量、结构体数组以及结构体指针等的使用方法；了解利用指针处理链表的方法，了解共用体数据类型的特点。

本任务的具体要求是使用结构数据类型，编写"输出学生成绩单"的程序。学生成绩单信息包括学号、小组、姓名以及三门课程成绩（语文、计算机、英语）。

"输出学生成绩"程序的主要功能是能按学号查询学生的总分及平均分，且能查询学生不及格科目，学生成绩单见表 3-7-1。

表 3-7-1　学生成绩单

Num	Name	Team	Chinese	Computer	English
1	White	1	97	98	99
2	Tom	1	99	55	98
3	Mark	1	94	56	93
4	James	1	86	92	87
5	Fred	1	97	99	98
6	Doris	2	56	97	55
7	Carl	2	99	98	56
8	Lisa	2	98	55	92
9	Burt	2	93	56	99
10	May	2	87	92	97

一、结构体

当处理大量的同类型的数据时，利用数组很方便。然而，在实际应用中，常常有许多不同类型的数据也作为一个整体存在，如与日期有关的年、月、日，一个学生的信息等。如果能够把这些有关联的数据有机地结合起来并能利用一个变量来管理的话，将会大大提高对这些数据的处理效率。C语言中提供的名为结构体的数据类型，就是用来描述这类数据的。

1. 结构体的一般形式

定义一个结构体的一般形式如下。

```
struct  结构体名
{
成员表列
};
```

其中，"成员表列"由若干个成员组成，每个成员都是该结构体的一个组成部分。对每个成员也必须作类型说明，其形式如下。

类型说明符 成员名；

其中，"成员名"的命名应符合标识符的书写规定。

例如以下语句的功能就是建立一个结构体。

```
struct report
{
int num;
char name[20];
char gender;
float score;
};
```

在这个结构体定义中，结构体名为 report，该结构体由 4 个成员组成。第一个成员为 num，被定义为整型变量；第二个成员为 name，被定义为字符数组；第三个成员为 gender，被定义为字符型变量；第四个成员为 score，被定义为实型变量。应注意在括号后的分号是不可少的。结构体定义之后，即可进行结构体变量说明。凡说明为结构体 report 的变量都由上述 4 个成员组成。由此可见，结构体是一种复杂的数据类型，是数目固定、类型不同的若干有序变量的集合。

2. 说明结构体变量

（1）先定义结构体，再说明结构体变量。

例如：

```
struct report
{
int num;
char name[20];
char gender;
float score;
};
struct report people1,people2;
```

该段语句说明了两个变量 people1 和 people2 为 report 结构体类型。

C 语言中也可以用宏定义一个符号常量来表示一个结构体类型，例如以下语句。

```
#define REPORT struct report
REPORT
{
int num;
char name[20];
char gender;
float score;
};
REPORT people1,people2;
```

（2）在定义结构体的同时说明结构体变量。

例如：

```
struct report
{
int num;
char name[20];
char gender;
float score;
}people1,people2;
```

在定义结构体的同时说明结构体变量的一般形式如下。

struct 结构体名

{

成员表列

} 变量名表列 ;

（3）直接说明结构体变量。

例如：

```
struct
{
int num;
char name[20];
char gender;
float score;
}people1,people2;
```

直接说明结构体变量的一般形式如下。

```
struct
{
成员表列
} 变量名表列 ;
```

3. 结构体变量成员的表示方法

在程序中使用结构体变量时，往往不把它作为一个整体来使用。在 C 语言中除了允许具有相同类型的结构体变量相互赋值以外，一般对结构体变量的使用，包括赋值、输入、输出、运算等都是通过结构体变量的成员来实现的。

表示结构体变量成员的一般形式如下。

结构变量名 . 成员名

例如表达式"people1.num"即第一个人的学号，表达式"people2.gender"即第二个人的性别。

如果成员本身也是一个结构体，则必须逐级找到最低级的成员才能使用。

例如表达式"people1.birthday.month"即第一个人出生的月份。成员可以在程序中单独使用，与普通变量完全相同。

4. 结构体变量的赋值

结构体变量的赋值就是给各成员赋值，可用输入语句或赋值语句来完成。

【例 3-7-1】观察下列程序，分析程序是怎样给结构体变量赋值并输出其值的。

```
#include<stdio.h>
#include<conio.h>
int main()
{
struct report                    /*定义结构体*/
    {
    int num;
    const char *name;
    char gender;
    float score;
    } people1,people2;
people1.num=327;
people1.name="Lisa";
printf("Input gender and score\n");
scanf_s("%c %f",&people1.gender,1,&people1.score);
people2=people1;
printf("Number=%d\nName=%s\n",people2.num,people2.name);
```

```
printf("Gender=%c\nScore=%.2f\n",people2.gender,people2.score);
_getch();
return 0;
}
```

程序运行结果如图 3-7-1 所示。

图 3-7-1　程序运行结果

本程序中用赋值语句给 num 和 name 两个成员赋值，name 是一个字符串指针变量。用 scanf_s( ) 函数动态地获取 gender 和 score 成员值，然后把 people1 的所有成员的值整体赋予 people2，再分别输出 people2 的各个成员值。

5. 结构体变量初始化

和其他类型变量一样，结构体变量可以在定义时进行初始化赋值。

【例 3-7-2】观察下列程序，分析程序是怎样给结构体变量初始化赋值的。

```
#include<stdio.h>
#include<conio.h>
int main()
{
    struct report       /*定义结构*/
        {
            int num;
            const char *name;
            char gender;
            float score;
        }people2,people1={321,"Tom",'M',98};
    people2=people1;
    printf("Number=%d\nName=%s\n",people2.num,people2.name);
    printf("Gender=%c\nScore=%.2f\n",people2.gender,people2.score);
    _getch();
    return 0;
}
```

程序运行结果如图 3-7-2 所示。

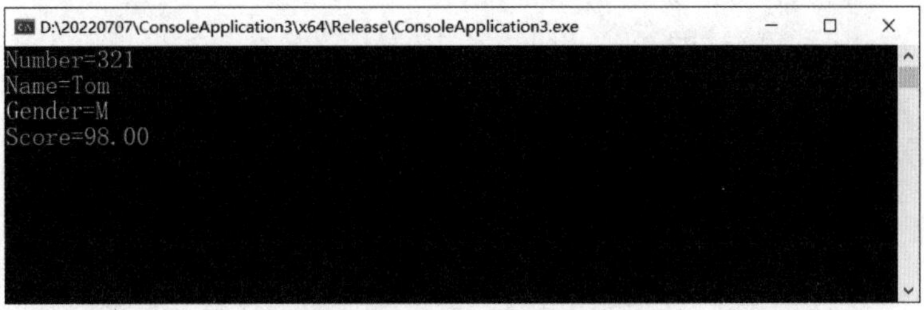

图 3-7-2　程序运行结果

本例中，people2、people1 均被定义为结构体变量，并对 people1 作了初始化赋值。在 main( ) 函数中，把 people1 的值整体赋予 people2，用两个 printf 语句输出 people2 各成员的值。

6. 定义结构体数组

数组的元素也可以是结构体类型的，因此可以构成结构体数组。结构体数组的每一个元素都是具有相同结构体类型的下标结构体变量。在实际应用中，经常用结构体数组来表示具有相同数据结构的一个群体。如一个班的学生档案、一个车间职工的工资表等。定义结构体数组方法和结构体变量相似，只需说明它为数组类型即可。

例如以下语句。

```
struct report
    {
        int num;
        char *name;
        char gender;
        float score;
    }people[10];
```

该段语句定义了一个结构体数组 people，共有 10 个元素，即 people[0] ~ people[9]。每个数组元素都具有 report 的结构体形式，对结构体数组可以做初始化赋值。

例如，以下语句的功能是对结构体数组 people 进行初始化赋值。

```
struct report
    {
        int num;
        const char *name;
        char gender;
        float score;
    }people[10]={
```

```
{320,"White",'M',99},
{321,"Tom",'M',98},
{322,"Mark",'M',93},
{323,"James",'M',87},
{324,"Fred",'M',98},
{325,"Doris",'F',55},
{326,"Carl",'M',56},
{327,"Lisa",'F',92},
{328,"Burt",'M',99},
{329,"May",'F',97}
};
```

对结构体数组的全部元素进行初始化赋值时，也可不给出数组长度。

【例 3-7-3】编写程序，定义一个外部结构体数组，用学号、姓名、性别和分数为数组做初始化赋值，统计学生的平均成绩和不及格的人数。

```
#include<stdio.h>
#include<conio.h>
struct report
    {
        int num;
        const char *name;
        char gender;
        float score;
    }people[10]={
        {320,"White",'M',99},
        {321,"Tom",'M',98},
        {322,"Mark",'M',93},
        {323,"James",'M',87},
        {324,"Fred",'M',98},
        {325,"Doris",'F',55},
        {326,"Carl",'M',56},
        {327,"Lisa",'F',92},
        {328,"Burt",'M',99},
        {329,"May",' F',97}
            };
int main()
{
    int i,count=0;          /*定义变量 count 用于记录不及格人数 */
    float ave,s=0;
    for(i=0;i<10;i++)
```

```
    {
        s+=people[i].score;
        if(people[i].score<60)
        count+=1;
    }
    printf("s=%.2f\n",s);
    ave=s/10;
    printf("average=%.2f\ncount=%d\n",ave,count);
    _getch();
    return 0;
}
```

程序运行结果如图 3-7-3 所示。

图 3-7-3 程序运行结果

本例程序中定义了一个外部结构体数组 people，共 10 个元素，并做了初始化赋值。在 main( ) 函数中用 for 语句逐个累加各元素的 score 成员的值并存储在 s 中，如果 score 成员的值小于 60（不及格）则计数器 count 变量加 1，循环完毕后计算平均成绩，并输出全班总分、平均分及不及格人数。

【例 3-7-4】编写程序，建立同学通讯录。要求定义一个有两个成员的结构体，用来表示同学的姓名和电话号码，主函数用结构体数组输出这些同学的姓名和电话号码。

```
#include<stdio.h>
#include<conio.h>
#define NUM 3      /*定义符号常量（见后续任务对"宏定义"的讲解）*/
struct mem
{
    char name[20];
    char phone[12];
};
int main()
{
    struct mem man[NUM];
```

```
    int i;
    for(i=0;i<NUM;i++)
    {
        printf("Input name:\n");
        gets_s(man[i].name,20);       /*向 name 中输入字符串（gets_s()是从标准
输入设备读字符串函数，回车结束）*/
        printf("input phone:\n");
        gets_s(man[i].phone,12);
    }
    printf("\n");
    printf("name\t\t\tphone\n\n");
    for(i=0;i<NUM;i++)
    printf("%s\t\t\t%s\n",man[i].name,man[i].phone);
    _getch();
    return 0;
}
```

程序运行结果如图 3-7-4 所示。

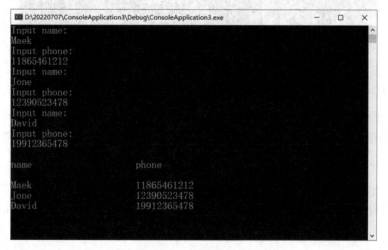

图 3-7-4 程序运行结果

本程序中定义了一个结构体 mem，它有两个成员 name 和 phone，用来表示姓名和电话号码。在主函数中定义 man 为具有 mem 类型的结构体数组。在 for 语句中，用 gets_s( ) 函数分别输入各个元素中两个成员的值，又用 printf( ) 函数输出各元素中两个成员的值。

7. 指向结构体变量的指针变量

一个指针变量用来指向一个结构体变量时，称其为结构体指针变量。结构体指针变量中的值是所指向的结构体变量的首地址。通过结构体指针即可访问该结构体变量，

这与数组指针和函数指针的情况是相同的。

结构体指针变量说明的一般形式如下。

`struct` 结构体名 *结构体指针变量名

例如，说明一个指向 report 结构体的指针变量 pstu，可写为"struct report*pstu;"，也可在定义 report 结构体的同时说明 pstu。

与前面讨论的各类指针变量相同，结构体指针变量也必须先赋值后才能使用。赋值是把结构体变量的首地址赋予该指针变量，不能把结构体名赋予该指针变量。

结构体名和结构体变量是两个不同的概念，不能混淆。结构体名只能表示一个结构体的形式，编译系统并不对它分配内存空间。只有当某变量被说明为这种类型的结构体时，才对该变量分配内存空间。有了结构体指针变量，就能更方便地访问结构体变量的各个成员。

其访问的一般形式如下。

(*结构体指针变量).成员名

或者采用如下形式。

结构体指针变量 -> 成员名

例如"(*pstu).num"和"pstu->num"含义相同。应注意"(*pstu)"两侧的括号不可少，因为成员符"."的优先级高于"*"。如去掉括号写作"*pstu.num"则等效于"*(pstu.num)"，这样意义就完全不同了。下面通过例子来说明结构体指针变量的具体说明和使用方法。

【例 3-7-5】阅读下列程序，分析、理解输出结构体变量各个成员的值所用的三种形式。

```c
#include<stdio.h>
#include<conio.h>
struct report
    {
        int num;
        const char *name;
        char gender;
        float score;
    }people1={321,"Tom",'M',98},*pstu;
int main()
{
    pstu=&people1;
    printf("Number=%d\nName=%s\n",people1.num,people1.name);
```

```
        printf("Gender=%c\nScore=%.2f\n\n",people1.gender,people1.score);
        printf("Number=%d\nName=%s\n",(*pstu).num,(*pstu).name);
        printf("Gender=%c\nScore=%.2f\n\n",(*pstu).gender,(*pstu).score);
        printf("Number=%d\nName=%s\n",pstu->num,pstu->name);
        printf("Gender=%c\nScore=%.2f\n\n",pstu->gender,pstu->score);
        _getch();
        return 0;
    }
```

程序运行结果如图 3-7-5 所示。

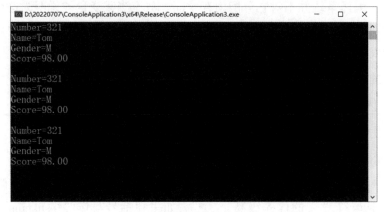

图 3-7-5　程序运行结果

本例程序定义了一个结构体 report，定义了 report 类型的结构体变量 people1 并做了初始化赋值，还定义了一个指向 report 结构体的结构体指针变量 pstu。在 main( ) 函数中，pstu 被赋予 people1 的地址，因此 pstu 指向 people1。利用 printf( ) 函数采用三种形式输出 people1 中各个成员的值。从运行结果可以看出，结构体成员有以下三种表示的形式。

结构体变量 . 成员名

(* 结构体指针变量) . 成员名

结构体指针变量 -> 成员名

这三种用于表示结构体成员的形式是完全等效的。

8. 指向结构体数组的指针

指针变量可以指向一个结构体数组，这时结构体指针变量的值就是整个结构体数组的首地址。结构体指针变量也可指向结构体数组的一个元素，这时结构体指针变量的值就是该结构体数组元素的首地址。

设 ab 为指向结构体数组的指针变量，则 ab 指向该结构体数组的 0 号元素，ab+1 指向 1 号元素，ab+i 则指向 i 号元素。这与普通指针数组的情况是一致的。

【例 3-7-6】编写程序，用结构体指针变量输出结构数组元素。

```c
#include<stdio.h>
#include<conio.h>
struct report
    {
        int num;
        const char *name;
        char gender;
        float score;
    }people[10]={
                {320,"White",'M',99},
                {321,"Tom",'M',98},
                {322,"Mark",'M',93},
                {323,"James",'M',87},
                {324,"Fred",'M',98},
                {325,"Doris",'F',55},
                {326,"Carl",'M',56},
                {327,"Lisa",'F',92},
                {328,"Burt",'M',99},
                {329,"May",'F',97}
                };
int main()
{
    struct report *ab;
    printf("No\tName\t\tGender\tScore\t\n");
    for(ab=people;ab<people+10;ab++)
    printf("%d\t%s\t\t%c\t%.2f\t\n",ab->num,ab->name,ab->gender,ab->score);
    _getch();
    return 0;
}
```

程序运行结果如图 3-7-6 所示。

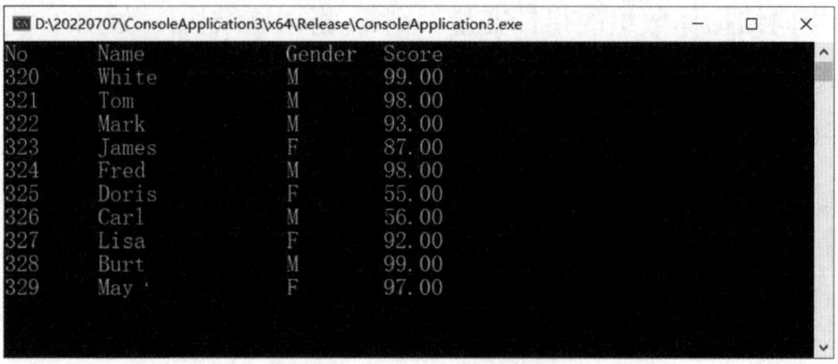

图 3-7-6　程序运行结果

在程序中，定义了 report 结构体的外部数组 people 并做了初始化赋值。在 main( ) 函数内定义 ab 为指向 report 结构体的指针。在循环语句 for 的表达式 1 中，ab 被赋予 people 的首地址，循环 10 次，输出 people 数组中各成员的值。

一个结构体指针变量虽然可以用来访问结构体变量或结构体数组元素的成员，但 是不能使它指向一个结构体数组元素的成员，也就是说不允许取一个成员的地址来赋 予一个结构体指针变量。因此，下面的赋值语句是错误的。

```
ab=&people[1].gender;
```

只能采用如下语句。

```
ab=people;     /*赋予数组首地址 */
```

或者是如下语句。

```
ab=&people[0];      /*赋予 0 号元素首地址 */
```

9. 结构体指针变量作函数参数

在 C 语言中允许用结构体变量作函数参数进行整体传送，但是这种传送要将全部 成员逐个传送，特别是成员为数组时将会使传送的时间和空间开销很大，严重降低程 序运行的效率。因此最好的办法就是使用指针，也就是用指针变量作函数参数进行传 送。这时由实参传向形参的只是地址，从而减少了时间和空间的占用。

【例 3-7-7】用结构体指针变量做函数参数编写程序，计算一组学生的平均成绩和 不及格人数。

```
#include<stdio.h>
#include<conio.h>
struct report
    {
      int num;
```

```
        const char *name;
        char gender;
        float score;
    }people[10]={
            {320,"White",'M',99},
            {321,"Tom",'M',98},
            {322,"Mark",'M',93},
            {323,"James",'M',87},
            {324,"Fred",'M',98},
            {325,"Doris",'F',55},
            {326,"Carl",'M',56},
            {327,"Lisa",'F',92},
            {328,"Burt",'M',99},
            {329,"May",'F',97}
            };
void ave(struct report *ab)
{
    int count=0,i;
    float ave,s=0;
    for(i=0;i<10;i++,ab++)
        {
            s+=ab->score;
            if(ab->score<60)
                count+=1;
        }
    printf("s=%.2f\n",s);
    ave=s/10;
    printf("average=%.2f\ncount=%d\n",ave,count);
}
int main()
{
    struct report *ab;
    ab=people;
    ave(ab);
    _getch();
    return 0;
}
```

程序运行结果如图 3-7-7 所示。

图 3-7-7　程序运行结果

本程序中定义了函数 ave( )，其形参为结构体指针变量 ab。people 被定义为外部结构体数组，因此在整个源程序中有效。在 main( ) 函数中定义说明了结构体指针变量 ab，并把 people 数组的首地址赋予它，使 ab 指向 people 数组。以 ab 作实参调用函数 ave( )，在函数 ave( ) 中完成计算平均成绩和统计不及格人数的工作并输出结果。

10. 动态内存分配

在实际的编程中，所需的内存空间取决于实际输入的数据，而无法预先确定。对于这种问题，C 语言提供了一些内存管理函数，这些内存管理函数可以按需要动态地分配内存空间，也可把不再使用的空间回收待用。动态内存分配不像数组等静态内存分配方法那样需要预先分配存储空间，而是由系统根据程序的需要即时分配，且分配的大小就是程序要求的大小。

常用的内存管理函数有以下 3 个。

（1）分配内存空间函数 malloc( )。

分配内存空间函数 malloc( ) 的调用形式如下。

```
(类型说明符 *)malloc(size)
```

malloc( ) 函数在内存的动态存储区中分配一块长度为 "size" 字节的连续区域。函数的返回值为该区域的首地址。分配内存空间函数 malloc( ) 的头文件是 malloc.h。

malloc( ) 函数的调用形式中 "类型说明符" 表示把该区域用于何种数据类型，"（类型说明符 *）" 表示把返回值强制转换为该类型指针，"size" 是一个无符号数。

例如，语句 "ab=(char*)malloc(1000);" 表示分配 1000 个字节的内存空间，并强制转换为字符数组类型，函数的返回值为指向该字符数组的指针，把该指针赋予指针变量 ab。

（2）分配内存空间函数 calloc( )。

函数 calloc( ) 也用于分配内存空间。分配内存空间函数 calloc( ) 的头部文件是 malloc.h。

函数 calloc( ) 的调用形式如下。

```
(类型说明符 *)calloc(n,size)
```

其中，"(类型说明符 *)" 用于强制类型转换。

函数 calloc( ) 的功能是在内存动态存储区中分配 n 块长度为 "size" 字节的连续区域，函数的返回值为该区域的首地址。

calloc( ) 函数与 malloc( ) 函数的区别仅在于一次可以分配 n 块区域。

例如以下 calloc( ) 函数语句。

```
ab=(struct report*)calloc(2,sizeof(struct report));
```

其中的 "sizeof(struct report*)" 是求 report 结构体的长度。因此，该语句的意思是按 report 结构体的长度分配 2 块连续区域，强制转换为 report 结构体类型，并把其首地址赋予指针变量 ab。

（3）释放内存空间函数 free( )。

函数 free( ) 的调用形式如下。

```
free(void*ptr);
```

free( ) 函数的功能是释放 ptr 所指向的一块内存空间，ptr 是一个任意类型的指针变量，它指向被释放区域的首地址，被释放区域应是由 malloc( ) 或 calloc( ) 函数所分配的区域。

【例 3-7-8】编写程序，申请一块结构体类型的连续内存空间，使用内存空间输入一个学生数据，再释放内存空间，实现存储空间的动态分配。

```c
#include<stdio.h>
#include<conio.h>
#include<malloc.h>
int main()
{
    struct report
    {
        int num;
        const char *name;
        char gender;
        float score;
    } *ab;
    ab=(struct report*)malloc(sizeof(struct report));
    ab->num=321;
    ab->name="Tom";
    ab->gender='M';
    ab->score=98;
    printf("Number=%d\nName=%s\n",ab->num,ab->name);
```

```
    printf("Gender=%c\nScore=%.2f\n",ab->gender,ab->score);
    free(ab);
    _getch();
    return 0;
}
```

程序运行结果如图 3-7-8 所示。

图 3-7-8　程序运行结果

本例中，首先定义了结构体 report，定义了指向结构体 report 的结构体指针变量 ab；然后分配一块 report 结构体类型的连续内存区域，并把首地址赋予 ab；再以 ab 为指向结构体的指针变量对各成员赋值，并用 printf( ) 函数输出各成员值；最后用 free( ) 函数释放 ab 指向的内存空间。整个程序包含了申请内存空间、使用内存空间、释放内存空间三个步骤，实现存储空间的动态分配。

11. 链表

采用动态分配的方法为一个结构体分配内存空间时，例如学生数据，每次分配一块空间可用来存放一个学生的数据，称其为一个结点，有多少个学生就应该申请分配多少块内存空间，也就是说要建立相应个数的结点。用结构体数组可以完成上述工作，但如果预先不能准确把握学生人数，就无法确定数组大小，而且当有学生离开时也不能把该元素占用的空间从数组中释放出来。

用动态分配的方法可以很好地解决这些问题。一方面，有一个学生就分配一个结点，无须预先确定学生的准确人数，某学生退学，可删去该结点，并释放该结点占用的存储空间。另一方面，用数组的方法必须占用一块连续的内存区域，而使用动态分配的方法时，每个结点之间可以是不连续的（结点内是连续的）。结点之间的联系可以用指针实现，即在结点结构中定义一个成员项用来存放下一结点的首地址，这个用于存放地址的成员称为指针域。

可在第一个结点的指针域内存入第二个结点的首地址，在第二个结点的指针域内又存放第三个结点的首地址，依此类推，直到最后一个结点。最后一个结点因无后续结点连接，其指针域可赋为 0。这种连接方式在数据结构中称为链表。

例如，一个存放学生学号和成绩的结点应为以下结构。

```
struct report
{
    int num;
    int score;
    struct report *next;
};
```

前两个成员项组成数据域，后一个成员项 next 构成指针域，它是一个指向 report 结构体的指针变量。

链表的基本操作有建立链表、查找与输出结构、插入一个结点、删除一个结点。

【例 3-7-9】编写一个建立链表的函数，建立一个拥有三个结点的链表，存放学生的学号和年龄两项数据。

```
#define NULL 0
#define TYPE struct report
#define LEN sizeof(struct report)
    struct report
    {
        int num;
        int age;
        struct report *next;
    };
TYPE *create(int n)
{
    struct report *head,*pf,*pb;
    int i;
    for(i=0;i<n;i++)
    {
        pb=(TYPE*)malloc(LEN);
        printf("Input Number and Age\n");
        scanf_s("%d%d",&pb->num,&pb->age);
        if(i==0)
            pf=head=pb;
        else
            pf->next=pb;
            pb->next=NULL;
            pf=pb;
    }
    return(head);
}
```

在函数外首先用宏定义对三个符号常量作了定义。这里用 TYPE 表示字符串"struct report"，用 LEN 表示字符串"sizeof(struct report)"，主要目的是在接下来的程序内减少书写量，使代码更简洁。结构体 report 定义为外部类型，程序中的各个函数均可使用该定义。

create( ) 函数用于建立一个有 n 个结点的链表，它是一个指针函数，它返回的指针指向 report 结构体。在 create( ) 函数内定义了三个指向 report 结构体的指针变量，其中 head 为头指针，pf 为指向两相邻结点的前一结点的指针变量，pb 为后一结点的指针变量。

二、共用体

在某些算法中，需要将几种不同的变量存放到同一段内存单元中，也就是需要使用覆盖技术，使几个变量互相覆盖。在 C 语言中，这种几个不同的变量共同占用一段内存的结构，被称作共用体类型结构，简称共用体。

1. 共用体类型结构的定义

共用体类型结构定义的一般形式如下。

```
union   共用体名
    {
        类型名 1   共用体成员名 1;
            …
        类型名 n   共用体成员名 n;
    };
```

其中"union"是关键字；"共用体成员"可以是基本类型或结构体及其他共用体类型的变量、数组、指针。

2. 共用体变量的定义

共用体变量的定义与结构体变量的定义类似，也有 3 种方式。

（1）先定义共用体类型，再单独定义共用体变量。

（2）在定义共用体类型的同时定义共用体变量。

（3）直接定义共用体变量（以后不能再次定义共用体变量）。

3. 共用体变量的引用

例如定义一个共用体类型，使其可以存放 int、char 或 float 类型的数据，其语句如下。

```
union data
    {
        int i;
        char ch;
        float f;
    }a,b;
union data x,y;
```

该程序段定义的共用体类型 data 具有 3 个不同类型的成员，所定义的该类型变量 a、b、x、y 都具有 3 种不同的数据类型，可根据不同的需要使用不同的类型。

与结构体变量类似，共用体变量只能使用分量运算符引用其中的某个成员，而不能直接引用共用体变量。

例如，以下是对共用体变量 a 赋值的语句。

```
a.i=8;              /* 此时共用体变量 a 为整型 */
a.ch='b';           /* 此时共用体变量 a 为字符型 */
a.f=3.2;            /* 此时共用体变量 a 为单精度实型 */
```

一个共用体变量不是同时存放多个类型的值，而是某一时刻只能存放其中一种类型的值，即最后一次赋给它的值。比如执行上面 3 个语句后，变量 a 中存的是实型数 3.2，如果执行语句 "printf("%d, %c, %f", a.i, a.ch, a.f);" 则 a.i 取 a.f 低位两字节的值，a.ch 取 a.f 最低一个字节的值，a.f 取原值。

4. 共用体的特点及其与结构体的区别

（1）共用体的特点。

共用体的特点是只能使用某个成员，共用体变量地址和它的各成员的地址是同一地址，指向共用体变量的指针可以作函数参数，共用体占内存的长度是成员中占内存最多的成员所占的字节数。

共用体可应用于多种情况，如教师、学生数据汇总在一张表中，其中一项学生填班级（int 型数据），教师填职称（字符串），则该项可定义为共用体。

（2）共用体与结构体的区别。

结构体和共用体都是由多个不同类型的数据成员组成的，但在某一时刻，共用体只有一个成员有效，而结构体的所有成员都同时存在。

对共用体的不同成员赋值，会清除其他成员的值，而对结构体不同成员赋值是互不影响的。

【例 3-7-10】编写程序，使用共用体，取出一个整型变量高字节和低字节中的数。

```
#include<stdio.h>
#include<conio.h>
union word
{
    char ch[2];
    int n;
};
int main()
{
    union word w;
    printf("Input:");
    scanf_s("%d",&(w.n));
    printf("low=%c=0x%x=%d\n",w.ch[0],w.ch[0],w.ch[0]);
    printf("high=%c=0x%x=%d\n",w.ch[1],w.ch[1],w.ch[1]);
    _getch();
    return 0;
}
```

输入 24930，程序运行结果如图 3-7-9 所示。

图 3-7-9　程序运行结果

一、设计程序

（1）定义 Student 结构体，结构体成员为学号 num、学生名 name、小组 team、语文成绩 Chinese、计算机成绩 computer、英语成绩 English，直接定义结构体数组变量 Student 并将其初始化。

（2）接收输入的学号并将输入的学号保存在 number 变量中。

（3）从 student 数组中寻找 student[i].num 等于 number 的元素，输出找到的元素中的 3 门成绩的总分和平均分。

（4）查找是否有未及格的科目，如果有则输出未及格科目信息。

二、编写程序

```
#include<stdio.h>
#include<conio.h>
struct Student
{
    int num;
    char name[10];
    int team;
    int Chinese;
    int computer;
    int English;
}student[]={
    {1,"White",1,97,98,99},
    {2,"Tome",1,99,55,98},
    {3,"Mark",1,94,56,93},
    {4,"James",1,86,92,87},
    {5,"Fred",1,97,99,98},
    {6,"Doris",2,56,97,55},
    {7,"Carl",2,99,98,56},
    {8,"Lisa",2,98,55,92},
    {9,"Burt",2,93,56,99},
    {10,"May",2,87,92,97}
    };
int main()
{
    int number;
    int i;
    printf("Input a number:");
    scanf_s("%d",&number);
    for(i=0;i<10;i++)
    {
        if(student[i].num==number)
        {
            printf("%s total:%d,avg:%d\n",student[i].name,(student[i].
Chinese+student[i].computer+
            student[i].English),(student[i].Chinese+student[i].computer+
student[i].English)/3);
            if(student[i].Chinese<60)
```

```
        {
            printf(" %s failed in Chinese.\n",student[i].name);
        }
        if(student[i].computer<60)
        {
            printf(" %s failed in computer.\n",student[i].name);
        }
        if(student[i].English<60)
        {
            printf(" %s failed in English.\n",student[i].name);
        }
        break;
    }
    else
    {
        if(i==9)
        {
            printf(" There isn't a failing grade in any subject.\n");
        }
    }
}
_getch();
return 0;
}
```

三、调试运行

在编辑窗口中输入和修改 C 语言源程序，调试运行，程序运行结果如图 3-7-10
所示。

图 3-7-10　程序运行结果

小提示

> 结构体和数组都是 C 语言提供的构造型数据类型。
>
> 数组是把同一类型的数据组织在一起；结构体是把多种类型的数据组织在一起。熟练地掌握结构体和数组的使用方法可以使程序的逻辑更清楚。

任务 8　按面积售梯形板材——宏和预处理语句的使用

 学习目标

1. 掌握宏定义的使用方法。
2. 了解 C 语言中的文件包含。
3. 理解条件编译等预处理语句的功能并正确使用。

 任务描述

前面各任务中，多次使用以"#"开头的预处理命令，例如包含命令"#include"、宏定义命令"#define"等。源程序中这些命令都放在函数之外，而且一般都放在源文件的前面，称为预处理命令。C 语言源程序中加入一些预处理命令，可以丰富程序设计环境，提高编程效率。本任务通过实例介绍 C 语言源程序中宏定义的使用方法，以及文件包含和条件编译预处理语句的使用方法。

本任务的具体要求如下。某建材商店按面积销售板材，某客户因工程需要经常批量订购上底和下底固定、高度不同的梯形板材。这一次订购的梯形板材中，有一批梯形板材上底和下底的长分别为 10 m 和 20 m。引用宏定义编写程序，输入梯形板材的

高，输出梯形板材的面积。

预处理是指在进行编译之前所做的工作。预处理命令不是 C 语言本身的组成部分，C 语言不能直接对它们进行编译，必须在对程序进行通常的编译之前，先对程序中这些特殊的命令进行预处理，即根据预处理命令对程序做相应的处理。经过预处理后的程序不再包括预处理命令，可由编译程序对预处理后的源程序进行通常的编译处理，得到可供执行的目标代码。C 语言的预处理主要有三个方面的内容，即宏定义、文件包含和条件编译。合理地使用预处理功能编写的程序便于阅读、修改、移植和调试，也有利于模块化程序设计。

一、宏定义

C 语言源程序中允许用一个标识符来表示一个字符串，称为宏。被定义为宏的标识符称为宏名。在编译预处理时，对程序中出现的所有宏名，都用宏定义中的字符串去代换，这个过程称为宏代换或宏展开。

宏定义是由源程序中的宏定义命令完成的，宏代换是由预处理程序自动完成的。在 C 语言中，宏分为无参数宏和带参数宏两种。

1. 无参数宏的定义

无参数宏的宏名后不带参数。其定义的一般形式如下。

`#define` 标识符　字符串

其中，"#"表示这是一条预处理命令，凡是以"#"开头的均为预处理命令。"define"为宏定义命令，其主要目的是为程序员在编程时提供一定的方便，提高程序的运行效率。"标识符"为所定义的宏名。"字符串"可以是常数、表达式、格式串等。

符号常量的定义就是一种无参数宏定义，此外，常对程序中反复使用的表达式进行宏定义。

例如，"#define　M　(y*y+3*y)"的作用是指定标识符 M 来代替表达式"(y*y+3*y)"。在编写源程序时，所有的"(y*y+3*y)"都可由 M 代替，而对源程序做编译时，将先由预处理程序进行宏代换，即用表达式"(y*y+3*y)"去置换所有的宏名 M，然后进行编译。

【例 3-8-1】观察下列程序，分析宏代换的结果。

```
#include<stdio.h>
#include<conio.h>
#define M (y*y+3*y)
int main()
{
    int s,y;
    printf("Input a number: ");
    scanf_s("%d",&y);
    s=3*M+4*M+5*M;
    printf("s=%d\n",s);
    _getch();
    return 0;
}
```

程序运行结果如图 3-8-1 所示。

图 3-8-1　程序运行结果

上例程序中首先进行宏定义，定义 M 来替代表达式"(y*y+3*y)"，在语句"s=3*M+4*M+5*M"中做了宏调用，宏展开后该语句变为"s=3*(y*y+3*y)+4*(y*y+3*y)+5*(y*y+3*y)"。

注意宏定义中表达式"(y*y+3*y)"两边的括号不能少，否则会发生错误。

宏定义是用宏名来表示一个字符串，在宏展开时又以该字符串取代宏名，这只是一种简单的代换，字符串中可以含任何字符，可以是常数，也可以是表达式，预处理程序对它不做任何检查。如果有错误，只能在编译已被宏展开后的源程序时发现。

宏定义不是说明或语句，在行末不必加分号，如果加上分号则将会连分号一起做宏代换。

宏定义必须写在函数之外，其作用域为从宏定义命令起到源程序结束。如要终止其作用域可使用 #undef 命令。

例如以下语句。

```
#define PI 3.14159
int main()
{
...
}
#undef PI
f1()
{
...
}
```

该段语句表示 PI 只在 main( ) 函数中有效，在 f1( ) 函数中无效。

宏名在源程序中若用引号括起来，则预处理程序不对其做宏代换。

例如以下程序。

```
#define AA 100
int main()
{
printf("AA");
printf("\n");
}
```

该程序的运行结果为 AA，这表示程序把 "AA" 当作字符串处理。

上例中定义宏名 AA 表示 100，但在 printf 语句中 AA 被引号括起来，因此不做宏代换。

宏定义允许嵌套，在宏定义的字符串中可以使用已经定义的宏名。在宏展开时由预处理程序层层代换。

例如若对 PI 和 S 进行以下宏定义，则语句 "printf("%f", S);"，在宏代换后变为语句 "printf("%f", 3.1415926*y*y);"。

```
#define PI 3.1415926
#define S PI*y*y          /*PI 是已定义的宏名 */
```

习惯上宏名用大写字母表示，以便于与变量区分，但也允许用小写字母。

实际编程中可用宏定义表示数据类型，使书写方便。

例如，对 STU 进行宏定义如下。

#define STU struct stu

执行以上宏定义后，在程序中可用 STU 作变量说明，例如语句 "STU body[5], *p;"

等效于"struct stu body[5], *p;"。

又如，用"#define INTEGER int"对 INTEGER 进行宏定义后，在程序中即可用 INTEGER 作整型变量说明，如语句"INTEGER a, b;"等效于"int a, b;"。

C 语言中可用 typedef 语句对类型说明符重新命名，应注意用宏定义表示数据类型和用 typedef 语句定义数据说明符的区别。

宏定义只是简单的字符串代换，是在预处理时完成的，而 typedef 语句是在编译时处理的，它不是做简单的代换，而是对类型说明符重新命名，被命名的标识符具有类型定义说明的功能。

例如宏定义"#define PIN1 int *"和 typedef 语句"typedef (int *) PIN2;"从形式上看相似，但在实际使用中却不相同。

用 PIN1、PIN2 说明变量时就可以看出它们的区别。语句"PIN1 a, b;"在宏代换后变成"int *a, b;"，表示 a 是指向整型的指针变量，而 b 是整型变量。但语句"PIN2 a, b;"中，PIN2 是一个类型说明符，表示 a、b 都是指向整型的指针变量。

宏定义虽然也可表示数据类型，但只是做字符代换，使用时要注意。

对输出格式做宏定义，可以减少书写量，使代码更为简洁。

【例 3-8-2】观察下列程序，预测宏代换的结果并上机验证。

```c
#include<stdio.h>
#include<conio.h>
#define P printf
#define D "%d\n"
#define F "%f\n"
#define A _getch();
int main()
{
    int a=5,c=8,e=11;
    float b=3.8,d=9.7,f=21.08;
    P(D F,a,b);
    P(D F,c,d);
    P(D F,e,f);
    A
    return 0;
}
```

程序运行结果如图 3-8-2 所示。

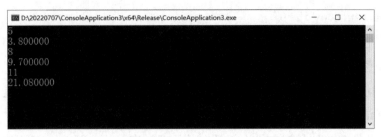

图 3-8-2　程序运行结果

2. 带参数宏的定义

C 语言允许宏带有参数，称为带参数宏，简称带参宏。在宏定义中的参数为形式参数，在宏调用中的参数为实际参数。带参宏在调用中不仅要进行宏展开，而且要用实参去代换形参。

带参宏定义的一般形式如下。

#define　宏名（形参表）　字符串

其中"字符串"含有各个形参。

带参宏调用的一般形式如下。

宏名（实参表）；

例如，对带参宏 M(y) 的定义和调用如下。

```
#define M(y) y*y+3*y          /* 带参宏定义 */
...
k=M(5);                       /* 带参宏调用 */
...
```

在调用带参宏时，用实参 5 去代换形参 y，经预处理宏展开后的语句为"k=5*5+3*5"。

【例 3-8-3】定义并调用带参宏编写程序，输出两个整数中的较大数。

```
#include<stdio.h>
#include<conio.h>
#define MAX(a,b)(a>b)?a:b
#define A _getch();
int main()
{
    int x,y,max;
    printf("Input two numbers: ");
    scanf_s("%d%d",&x,&y);
    max=MAX(x,y);
    printf("max=%d\n",max);
```

```
    A
    return 0;
}
```

程序运行结果如图 3-8-3 所示。

图 3-8-3　程序运行结果

上例程序的第 3 行进行带参宏定义，用宏名 MAX 表示条件表达式 "(a>b)?a:b"，形参 a、b 均出现在条件表达式中。程序第 10 行中 "max=MAX(x, y)" 为带参宏调用，其中实参 x、y 将代换形参 a、b，宏展开后该语句为 "max=(x>y)?x:y"，用于计算 x、y 中的较大数。

对于带参宏的定义有以下问题需要说明。

（1）带参宏定义中，宏名和形参表之间不能有空格出现。

例如 "#define MAX(a, b) (a>b)?a:b" 不能写为 "#define MAX (a, b) (a>b)?a:b"，否则将被认为是无参宏定义，即宏名为 MAX，代表字符串 "(a, b) (a>b)?a:b"；宏展开时，宏调用语句 "max=MAX(x, y);" 将变为 "max=(a, b) (a>b)?a:b(x, y);"，这显然是错误的。

（2）在带参宏定义中，形参不分配内存单元，因此不必做类型定义。而带参宏调用中的实参有具体的值，要用它们去代换形参，因此必须做类型说明。这与函数中的情况不同，在函数中，形参和实参是两个不同的量，各有自己的作用域，调用时要把实参值赋予形参，进行值的传递；而在带参宏中，形参和实参只是符号代换，不存在值的传递。

（3）带参宏定义中的形参是标识符，而带参宏调用中的实参可以是表达式。

【例 3-8-4】定义并调用带参宏编写程序，输入一个整数 a，求 $(a+1)^2$ 的值。

```
#include<stdio.h>
#include<conio.h>
#define SQ(y)(y)*(y)
#define A _getch();
int main()
{
```

```
    int a,sq;
    printf("Input a number:    ");
    scanf_s("%d",&a);
    sq=SQ(a+1);
    printf("sq=%d\n",sq);
    A
    return 0;
}
```

程序运行结果如图 3-8-4 所示。

图 3-8-4　程序运行结果

上例中第 3 行为宏定义，形参为 y。程序第 10 行宏调用中实参为 a+1，是一个表达式，在宏展开时，用 a+1 代换 y，再用 (y)*(y) 代换 SQ，得到语句"sq=(a+1)*(a+1);"。

调试并运行该程序后，输入 52，则 sq 的值为 53 的平方，即 2809。

这与函数的调用是不同的，函数调用时把实参表达式的值求出来再赋予形参，而宏代换中对实参表达式不做计算，直接按照原样代换。

（4）在宏定义中，字符串内的形参是否用括号括起来，其意思是不同的。

去掉上例宏定义语句"(y)*(y)"中 y 的括号，即宏定义变为"#define SQ(y) y*y"，则程序运行结果如图 3-8-5 所示。

图 3-8-5　程序运行结果

由于宏代换只做符号代换而不做其他处理，所以上例源程序中第 10 行语句在宏代换后将得到语句"sq=a+1*a+1;"。

调试并运行该程序后，输入 52，则计算式变为 "52+1×52+1"，故 sq 的值为 105。

【例 3-8-5】观察程序中宏定义的字符串，预测不加括号的字符串 "(y)*(y)" 和加括号的字符串 "((y)*(y))" 使程序输出的结果有什么区别，并上机验证。

宏定义时使用不加括号的字符串 "(y)*(y)"，其源程序如下。

```
#include<stdio.h>
#include<conio.h>
#define SQ(y) (y)*(y)
#define A _getch();
int main()
{
    int a,sq;
    printf("Input a number:  ");
    scanf_s("%d",&a);
    sq=160/SQ(a+1);
    printf("sq=%d\n",sq);
    A
    return 0;
}
```

程序运行结果如图 3-8-6 所示。

图 3-8-6 程序运行结果

本程序与前例相比，只把宏调用语句改为 "sq=160/SQ(a+1);"，输入 66 时，宏调用语句在宏代换之后变为 "sq=160/(a+1)*(a+1);"。由于 "/" 和 "*" 运算符优先级和结合性相同，可先进行 "160/(66+1)" 的运算，因数值为 int 型，故只取整数部分，即结果为 2，再进行 "2*(66+1)" 的运算，最后得出 sq 的值为 134。

如果在宏定义中的整个字符串外加括号，即使用字符串 "((y)*(y))" 来定义，则宏定义语句变为 #define SQ(y) ((y)*(y))，其余代码不变。程序运行结果如图 3-8-7 所示。

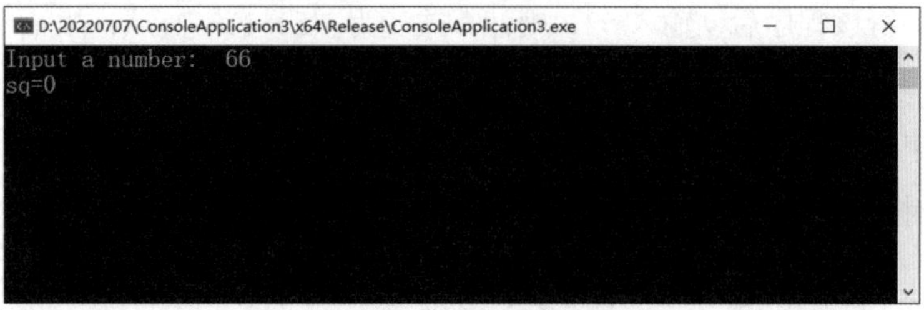

图 3-8-7　程序运行结果

调试并运行该程序后，输入 66 时，宏调用语句在宏代换之后变为 "sq=160/((a+1)*(a+1));"，根据优先级先运算 "(66+1)*(66+1)" 得 4489，再运算 "160/4489" 得出 sq 的值为 0。

带参宏和带参函数很相似，但有本质上的不同，除上面已谈到的各点外，把同一表达式分别用函数与宏处理，两者的结果有可能是不同的。

【例 3-8-6】阅读下列程序 A 和程序 B，指出同一表达式用函数处理与用宏处理的结果有何不同，预测各程序输出的结果，并上机验证。

用函数处理表达式的程序 A 的源程序如下。

```c
#include<stdio.h>
#include<conio.h>
#define A _getch();
int SQ(int y);
int main()
{
    int i=1;
    while(i<=5)
    printf("%d\n",SQ(i++));
    A
    return 0;
}
int SQ(int y)
{
return((y)*(y));
}
```

程序运行结果如图 3-8-8 所示。

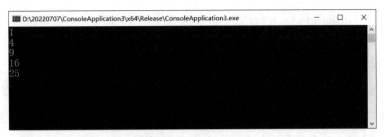

图 3-8-8　程序运行结果

用宏处理表达式的程序 B 的源程序如下。

```
#include<stdio.h>
#include<conio.h>
#define SQ(y) ((y)*(y))
#define A _getch();
int main()
{
    int i=1;
    while(i<=5)
    printf("%d\n",SQ(i++));
    A
    return 0;
}
```

程序运行结果如图 3-8-9 所示。

图 3-8-9　程序运行结果

在程序 A 中，函数名为 SQ，形参为 y，函数体表达式为 "((y)*(y))"。在程序 B 中，宏名为 SQ，形参为 y，字符串表达式为 "((y)*(y))"。程序 A 的函数调用为 "SQ(i++)"，程序 B 的宏调用为 "SQ(i++)"，即两者的实参也是相同的，但从输出结果来看却大不相同。

在程序 A 中，函数调用是把实参 i 的值传给形参 y 后自增 1，再输出函数值，总共循环 5 次，最终结果是输出 1~5 的平方值。程序 B 在宏调用时只作代换，因此表达式 "SQ(i++)" 被代换为 "((i++)*(i++))"。进入循环后，第一步时 i=1，输出 "SQ(i++)"

即 ((i++)*(i++))=1，此时执行了两次 i++，所以 i=3；第二步时 i=3，输出"SQ(i++)"即 ((i++)*(i++))=9，然后执行了两次 i++，所以 i=5；第三步时 i=5，输出"SQ(i++)"即 ((i++)*(i++))=25，然后执行了两次 i++，所以 i=7，停止循环。

宏定义也可用来定义多个语句，在宏调用时，把这些语句又代换到源程序内。

【例 3-8-7】已知 s1=l*w，s2=l*h，s3=w*h，v=w*l*h。编写程序，用宏定义，定义多个语句，求 l=3、w=4、h=5 时 s1、s2、s3、v 的值。

```c
#include<stdio.h>
#include<conio.h>
#define SSSV(s1,s2,s3,v) s1=l*w;s2=l*h;s3=w*h;v=w*l*h;
#define A _getch();
int main()
{
    int l=3,w=4,h=5,sa,sb,sc,vv;
    SSSV(sa,sb,sc,vv);
    printf("sa=%d\nsb=%d\nsc=%d\nvv=%d\n",sa,sb,sc,vv);
    A
    return 0;
}
```

程序运行结果如图 3-8-10 所示。

图 3-8-10　程序运行结果

上例程序第 3 行为宏定义，用宏名 SSSV 表示 4 个赋值语句，4 个形参分别为 4 个赋值语句左部的变量。在宏调用时，把 4 个语句展开并用实参代替形参，将计算结果送入实参。

二、文件包含

文件包含是 C 语言预处理程序的另一个重要功能。

文件包含命令行的一般形式如下。

#include< 文件名 > 或 #include" 文件名 "

前面多次用过此命令包含库函数的头文件，如以下两个命令。

```
#include<stdio.h>
#include<math.h>
```

文件包含命令的功能是把指定的文件插入该命令行位置以取代该命令行，从而把指定的文件和当前的源文件连接成一个源文件。

一个大的程序可以分为多个模块，由多个程序员分别编程，公用的符号常量或宏定义等可单独组成一个文件，在其他文件的开头用文件包含命令包含该文件，即可实现多个模块共同使用，免去在每个文件开头都书写公用内容，从而节省时间，减少出错。

文件包含命令中的文件名可以用双引号括起来，也可以用尖括号括起来。

例如"#include<math.h>"和"#include"stdio.h""这两种写法都是允许的，但是这两种形式是有区别的。

使用尖括号的文件包含命令表示在包含文件目录中查找（包含目录是由用户在设置环境时设置的），而不在源文件目录中查找。

使用双引号的文件包含命令则表示首先在当前的源文件目录中查找，若未找到才到包含文件目录中查找。用户编程时可根据自己文件所在的目录来选择一种文件包含命令形式。

一个 include 命令只能指定一个被包含文件，若有多个文件要包含，则需用多个include 命令。

文件包含允许嵌套，即在一个被包含的文件中又可以包含另一个文件。

三、条件编译

预处理程序提供了条件编译的功能，可以按不同的条件去编译不同的程序部分，因而产生不同的目标代码文件，这对于程序的移植和调试是很有用的。条件编译有三种形式。

条件编译的第一种形式如下。

```
#ifdef  标识符
程序段 1
#else
程序段 2
#endif
```

它的功能是如果标识符已被 #define 命令定义过，则对程序段 1 进行编译；否则对程序段 2 进行编译。如果没有程序段 2（程序段 2 为空），本形式中的"#else"可以省略，即可以写为如下形式。

```
#ifdef   标识符
程序段
#endif
```

【例 3-8-8】上机输入下列程序，首先对程序进行调试运行，输出结果，然后删除程序第 4 行，即删除 "#define NUM ok"，再调试运行，输出结果。比较两次运行结果有何不同，分析原因。

```c
#include<stdio.h>
#include<conio.h>
#include<malloc.h>
#define NUM ok
#define A _getch();
int main()
{
    struct stu
    {
        int num;
        const char *name;
        char gender;
        float score;
    } *ps;
    ps=(struct stu*)malloc(sizeof(struct stu));
    ps->num=321;
    ps->name="Tom";
    ps->gender='M';
    ps->score=98;
#ifdef NUM
    printf("Number=%d\nScore=%.2f\n",ps->num,ps->score);
#else
    printf("Name=%s\nGender=%c\n",ps->name,ps->gender);
#endif
    free(ps);
    A
    return 0;
}
```

程序运行结果如图 3-8-11 所示。

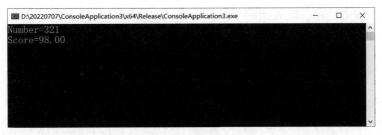

图 3-8-11　程序运行结果

由于在程序的第 20 行插入了条件编译预处理命令，所以要根据 NUM 是否被定义来决定编译哪一个 printf 语句。而在程序的第 4 行已对 NUM 做过宏定义，因此应对第一个 printf 语句做编译，输出学号和成绩。如果删除了程序的第 4 行（#define NUM ok）则程序去编译第二个 printf 语句，输出姓名和性别。

在程序第 4 行的宏定义中，定义 NUM 表示字符串"ok"，其实也可以为任何字符串，甚至不给出任何字符串，写为语句"#define NUM"，在条件编译预处理时也具有同样的意义。

条件编译的第二种形式如下。

```
#ifndef　标识符
程序段 1
#else
程序段 2
#endif
```

条件编译的第二种形式与第一种形式的区别是将"ifdef"改为"ifndef"。它的功能是如果标识符未被 define 命令定义过，则对程序段 1 进行编译，否则对程序段 2 进行编译。条件编译的第二种形式与第一种形式的功能正相反。

条件编译的第三种形式如下。

```
#if 常量表达式
程序段 1
#else
程序段 2
#endif
```

它的功能是如果常量表达式的值为真（非 0），则对程序段 1 进行编译，否则对程序段 2 进行编译，因此可以使程序在不同的条件下完成不同的功能。

【例 3-8-9】采用条件编译编写一个既可以根据半径计算圆的面积，又可根据边长计算正方形面积的程序，输入圆的半径，计算并输出圆的面积。

```c
#include<stdio.h>
#include<conio.h>
#define R 1
#define A _getch();
int main()
{
    float c,r,s;
    printf("Input a number:    ");
    scanf_s("%f",&c);
    #if R
    r=3.14159*c*c;
    printf("Area of the circle: %f\n",r);
    #else
    s=c*c;
    printf("Area of the square: %f\n",s);
    #endif
    A
    return 0;
}
```

程序运行结果如图 3-8-12 所示。

图 3-8-12　程序运行结果

上例程序中采用了条件编译。程序第 3 行宏定义中，定义 R 为 1，在条件编译时，常量表达式的值为真，根据表达式"r=3.14159*c*c"可计算并输出圆的面积。宏定义中改定义 R 为 0，则可计算正方形面积。

条件编译的功能也可以用条件语句来实现，但是用条件语句将会对整个源程序进行编译，生成的目标代码程序很长。采用条件编译，根据条件只编译其中的程序段 1 或程序段 2，生成的目标程序较短。如果条件选择的程序段很长，则采用条件编译的方法是十分必要的。

预处理功能是在对源程序正式编译前由编译器完成的，程序员在程序中可以用预处理命令来调用这些功能。宏定义是用一个标识符来表示一个字符串,这个字符串可以是常量、变量或表达式。在宏调用中使用该字符串代换宏名。宏定义可以带有参数,宏调用时是以实参代换形参,不是传送值。文件包含是预处理的一个重要功能,它可用来把多个源文件连接成一个源文件进行编译,结果将生成一个目标文件。条件编译允许只编译源程序中满足条件的程序段,使生成的目标程序较短,减少内存的占用,提高程序运行的效率。

使用预处理功能便于程序的修改、阅读、移植和调试,也便于实现模块化程序设计。

一、设计程序

(1)在有常量的程序中,可以定义常量为无参数宏。

(2)题目中,梯形板材上底和下底的长已经固定,分别为 10 m 和 20 m,可定义宏"#define a 10"和"#define b 20"参与编程。

(3)嵌套定义宏,即使用语句"#define L (a+b)"。

(4)主函数中定义 h 和 s 两个变量,分别表示高和梯形的面积,即"float h, s;"。

(5)建立 h 和 s 两个变量的关系,即"s=h*L/2;"。

(6)只需要输入高 h,即"scanf_s("%.4f", &h);"。

(7)输出高为 h 时梯形的面积,即"printf("s=%f \n", s);"。

二、编写程序

```c
#include<stdio.h>          /* 文件包含 */
#include<conio.h>
#define a 10               /* 定义宏 */
#define b 20               /* 定义宏 */
#define L (a+b)            /* 嵌套定义宏 */
#define A _getch();
int main()
{
    float h,s;
    scanf_s("%f",&h);
    s=h*L/2;
    printf("s=%.4f\n",s);
```

```
    A
    return 0;
}
```

三、调试运行

在编辑窗口中输入和修改 C 语言源程序。程序经调试运行，输入梯形板材高度为 5 时运行结果如图 3-8-13 所示。

图 3-8-13　程序运行结果

输入不同的高，会得到一批上底和下底不变的梯形板材的面积。当梯形板材上底和下底的长变化时，只需改写宏定义中 a、b 的值（字符串），就可以得到另一批梯形板材的面积。

小提示

1. 为了避免宏代换时发生错误，宏定义中的字符串应加括号，字符串中出现的形参两边也应加括号。

2. 条件编译允许只编译源程序中满足条件的程序段，使生成的目标程序较短，减少内存的占用，恰当使用条件编译能提高程序运行的效率。

项目四
应用 C 语言

在前面的项目中，学习了数据类型、运算符、表达式、结构控制、函数、数组、指针和标准库函数等 C 语言知识，但是这些知识在脑海里只是孤立的存在，若想开发一款软件，必须把这些孤立的知识结合起来编写程序。计算机行业里流行这样一句话："技术就是所有基本功的集合。"若想提高驾驭 C 语言的能力，必须将基本功集合起来，通过将零散的知识点排列组合，才能体会到 C 语言编程的强大魅力。

一个完整的 C 语言实用程序是由三部分组成的，即输入、逻辑处理（运算）、输出。输入和输出其实是一个很广泛的概念，如果站在人机交互的角度来看，输入是用户在键盘上敲打的字符，输出则是屏幕上显示的内容；如果站在程序的角度来看，输入是选用函数的一个参数，输出则是经过逻辑计算以后返回的结果。程序的输入、输出涉及文件操作等功能，而逻辑处理则涉及程序的算法，最基本的算法涉及队列的出入、排序、递归、循环、嵌套等概念和设计思路。此外，在实际的项目程序中还经常会利用 C 语言标准函数库来实现不同的逻辑需求。

在实际应用中，同一个问题往往有多种不同的解决方法、不同的程序设计思路，需要灵活运用并合理选择最优的程序设计方案。

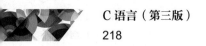

任务 1　判定奖学金等级——文件的操作

1. 能使用 C 语言标准函数库编写程序。

2. 理解流的概念。

3. 能熟练进行文件的打开和关闭操作，完成读文件、写文件、定位文件等操作。

期末考试以后，学校要根据学生的考试成绩进行奖学金等级的评定，即对分数达标者的成绩进行排序以确定奖学金等级。阅卷教师会将学生的分数保存在一个文件中，C 语言判定奖学金等级的程序需要通过 C 语言标准函数将文件中的信息读出并做出排序、评级处理，再通过 C 语言标准函数将处理后的数据写入文件。本任务通过编写一个简单的奖学金等级判定程序，掌握文件的打开、关闭、读取和写入等操作，掌握读文件、写文件、定位文件的方法。

本任务的具体要求是编写一个简单的"判定奖学金等级"程序，奖学金等级判定标准为平均分在 90 分以上的为 A 等，80 分（不含）到 90 分（含）的为 B 等。假设学生成绩已经输入 score.txt 文件，内容如下。

LiuMing, 2022123, 100, 80, 91

LiKai, 2022124, 90, 70, 84

OuyangZhengsheng, 2022125, 68, 74, 80

WangJiaming, 2022126, 91, 59, 60

WangMing, 2022127, 80, 77, 95

其中第一列是姓名，第二列是学号，第三列是数学成绩，第四列是语文成绩，第五列是英语成绩。"判定奖学金等级"程序需要对文件进行打开、读取、写入和关闭操作，实现输入学号后输出奖学金等级功能。

一、C 语言标准函数库

C 语言标准函数库是由美国国家标准协会（ANSI）统一制定的一套 C 语言函数标准，本书中所用到的头文件 stdio.h 就是 C 语言标准函数库中的一个子集，C 语言标准函数库被许多编译器支持，使用 C 语言标准函数库不用考虑硬件平台的差异，只需要关心程序本身。

例如，早期的 printf( ) 函数在不同的操作系统平台有不同的实现方法，程序员若忽略这种差异，就会带来灾难，因为同一个程序在不同平台会运行出不同的结果，这对于使用者来说是无法接受的，而标准 I/O（输入 / 输出）库具有一组 I/O 函数，实现了很多函数的跨平台使用，所以标准 I/O 库提高了程序的可移植性。

在前面的项目中，已经多次使用过标准 I/O 库 stdio.h 的 printf( )、scanf_s( ) 等函数，这里更深入地研究怎样使用标准 I/O 库的文件操作函数。

二、I/O 的概念

计算机由大量的不同设备组成，很多设备都有 I/O 操作。光驱、硬盘、U 盘、网络连接、摄像头等都属于带有 I/O 操作的设备，不同的设备具有不同的数据通信协议，操作系统提供统一的 I/O 操作接口，使用户可以不必关心 I/O 设备数据通信协议细节。

标准 I/O 库将 I/O 的概念抽象为所有的 I/O 操作只是简单地从程序移入或者移出字节，就像水流一样，所以从程序移入或者移出的字节被称为字节流，简称为流。程序只需要关心是否创建了正确的输出字节流数据，以及读入端是否能正确地读取字节流数据。

流分为文本流和二进制流两种类型。文本流是指在流中的数据是以字符的形式出现，包括回车和换行等操作。文本流在不同的系统中可能有不同的类型，最典型的例子就是文本行的结束方式，在 Windows 的命令提示符界面中一个回车符 "\r" 和一个换行符 "\n" 都代表着一行的结束，而 UNIX 系统以及类 UNIX 系统的 Linux 系统中则以一个换行符 "\n" 代表一行的结束。二进制流就不会存在这一问题，因为二进制流是完全根据输入或输出的字节顺序写入或者读出的，流中的数据没有做任何形式的改变，这种流适用于非文本数据。

每个被使用的文件都在内存中开辟了一个相应的文件信息区，用来存放文件相关的信息。这些文件保存在一个结构体变量中，这个结构体类型是由系统声明的，名称是 FILE（文件类型结构体变量）。如果想访问一个流，需要使用 FILE 类型的数据结构，它被声明在 stdio.h 中，每个操作系统都会提供至少三个流，即标准输入（stdin）、标准输出（stdout）、标准错误输出（stderr），它们都是 FILE 结构体的指针，在默认的情况下，标准输入是默认的输入来源，标准输出是默认的输出设置，标准错误输出代表在出错的时候错误信息的输出设置。

三、流的操作方法

1. 打开流

打开流使用的是文件操作函数 fopen_s( )，具体步骤如下。

首先，使用下列语句定义两个变量。

```
FILE* fp;              /*声明 FILE 结构体指针 */
errno_t err;           /*errno_t 定义的变量本质上是 int 类型 */
```

然后，使用文件操作函数 fopen_s( ) 打开流，语句如下。

```
err=fopen_s(&fp,const char *name,const char *mode);
```

其中，第一个参数 fp 是文件的二级指针，后两个参数都是字符串类型的，参数 name 代表的是打开的文件或者设备的名称，应输入完整的路径名或者相对路径名，参数 mode 代表流的打开模式，表示流是可读、可写还是可读写，以及是文本流还是二进制流。表 4-1-1 中列举了一些常用流的模式。

表 4-1-1　常用流的模式

类型	读取	写入	添加
文本	r	w	a
二进制	rb	wb	ab

参数 mode 是以 r、w 或者 a 开头的字符串，r 代表打开的流用于读取，w 代表将向打开的流中写入内容，a 代表将向打开的流中添加内容。mode 为 r 时打开的文件必须是存在的。当 mode 为 w 时，如果打开的文件不存在，系统就会自动地创建一个文件；如果打开的文件是存在的，那么文件里原来的内容会被删除。但当 mode 为 a 时，文件里原来的内容不会被删除，新内容将被追加在源文件结尾。

在上述语句中，函数 fopen_s( ) 打开文件成功返回 0，失败返回非 0。

所以变量 err 接收的是 0 或非 0。

【例 4-1-1】使用文件操作函数，打开 C 盘中名字为 data.txt 的文本文件，体会 fopen_s( ) 函数的用法。

```
#include<stdio.h>
#include<conio.h>
#include<stdlib.h>
#define NAME "C:/data.txt"          /*用宏定义要打开的文件名*/
int main()
{
FILE *input;                        /*声明 FILE 结构体指针*/
errno_t err;                        /*定义判断出错类型变量*/
err=fopen_s(&input,NAME,"r");       /*使用 fopen_s() 函数打开文件*/
if(err!=0)                          /*判断打开文件是否成功*/
{
    printf("You don't have the file: %s",NAME);    /*文件不存在*/
    _getch();
    exit(-1);                                       /*退出程序*/
}
printf("Opened the file successfully!\n");          /*成功打开文件*/
_getch();
return 0;
}
```

C 盘中存在文件 data.txt 时，程序运行结果如图 4-1-1 所示。

图 4-1-1　文件存在时的程序运行结果

C 盘中不存在文件 data.txt 时，程序运行结果如图 4-1-2 所示。

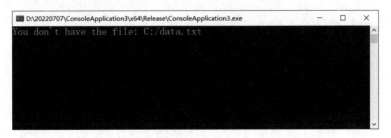

图 4-1-2　文件不存在时的程序运行结果

上述程序代码中需要注意对 fopen_s( ) 函数返回值的判断，程序中的函数涉及返回指针的都应该进行是否为 NULL 的判断，如果程序中没有进行检查，后续操作这个指针时会造成段错误而使程序终止。

2. 关闭流

与打开流文件操作函数 fopen_s( ) 对应的是关闭流文件操作函数 fclose( )。

fclose( ) 函数的一般形式如下。

```
int fclose(FILE *flow);
```

fclose( ) 函数的参数 flow 是一个 FILE 结构体指针，它其实就是 fopen_s( ) 函数返回的 FILE 指针，fclose( ) 函数执行成功时返回 0，失败时返回 EOF，EOF 的值通常为 −1。在使用 fclose( ) 函数时仍然要判断函数执行是否成功。使用有返回值的函数时一定要检查返回值是否合法，这有助于提高程序的质量。

使用 fclose( ) 函数就可以把缓冲区内最后剩余的数据输出到磁盘文件中，并释放文件指针和有关的缓冲区。

【例 4-1-2】运用已学的知识，使用文件操作函数 fopen_s( ) 打开名字为 data.txt 的文本文件，然后用 fclose( ) 函数关闭该文件。

```c
#include<stdio.h>
#include<conio.h>
#include<stdlib.h>
#define NAME "C:/data.txt"              /*用宏定义要打开的文件名 */
int main()
{
    FILE* input;                        /*声明 FILE 结构体指针 */
    errno_t err;
    err=fopen_s(&input,NAME,"r");       /*fopen_s() 函数的返回值赋给 err*/
    if(err!=0)                          /* 判断打开文件是否成功 */
    {
        printf("You don't have the file: %s",NAME);
                                        /* 输出文件不存在信息 */
        _getch();
        exit(-1);                       /* 退出 main() 函数 */
    }
    printf("Opened the file successfully!\n");     /* 成功打开文件 */
    int result;
    result=fclose(input);              /* 关闭 input 指向的流，返回值赋给 result*/
    if(result!=0)                      /* 对 fclose() 函数的返回结果进行检测 */
    {
        printf("Failure to close the file.");      /* 输出失败信息 */
```

```
        exit(-1);                                    /*退出 main() 函数 */
    }
    printf("Closed the file successfully!");      /*成功关闭文件 */
    _getch();
    return 0;
}
```

C 盘中存在文件 data.txt 时，程序运行结果如图 4-1-3 所示。

图 4-1-3　文件存在时的程序运行结果

C 盘中不存在 data.txt 时，程序运行结果如图 4-1-4 所示。

图 4-1-4　文件不存在时的程序运行结果

关闭文件是否成功只能通过检查 fclose() 函数的返回值来判定，当 main() 函数执行完退出时也会自动关闭打开的文件。

3. 文件定位

前面例子中对文件的访问都是线性顺序的，但有时程序需要对文件进行随机访问，例如，一个学生学号和平均分对应关系的文件，它的前半部分是学号，后半部分是分数，当程序需要读取前半部分的时候只需要从头开始读，但当需要读取分数的时候，则需要将流的起始位置定位到学号的后面。

文件流的随机访问需要使用以下两个函数来实现。

```
long ftell(FILE *stream);
int fseek(FILE *stream,long offset,int whence);
```

ftell( ) 函数的参数是 fopen_s( ) 函数返回的 FILE 结构体指针，即 ftell( ) 函数返回流当前的位置，在文本流中这个位置其实是文件起始位置到当前位置的一个偏移量，而在二进制流中这个位置是当前距离文件起始位置的字节数。

fseek( ) 函数用于在流中定位，它将改变下一次读或写的操作位置，可以理解为 fseek( ) 函数临时改变了流的起始位置。参数 stream 是需要改变的流，参数 offset 和 whence 共同决定了需要定位的位置，表 4-1-2 描述了不同的 whence 值所对应的 offset 代表的意义。

表 4-1-2　不同的 whence 值所对应的 offset 代表的意义

whence 值	流定位的位置
SEEK_SET	从流的起始位置起 offset 个字节，offset 必须是 0 或者正数
SEEK_CUR	从流的当前位置起 offset 个字节，offset 的值没有要求
SEEK_END	从流的尾部位置起 offset 个字节，offset 的值没有要求

使用 fseek( ) 函数时，不要将流定位到文件的起始位置之前的位置，而把流定位到文件结尾时将会从文件的尾部追加内容。使用 fseek( ) 函数改变流的位置会引发一些问题，包括文件的行末符会被清除（Windows 命令提示符下为 "\r" "\n"，UNIX 系统下为 "\n"），以及定位允许流从写入模式切换到读取模式，或者回到打开的流以便更新。

【例 4-1-3】用 fopen_s( ) 函数打开 C 盘中的文件 data2.txt；用 ftell( ) 函数和 fseek( ) 函数从文本中第一行内容的第 6 个字节的位置开始读取内容，data2.txt 内的文本内容为 "hello,world!"；用 fclose( ) 函数把文件关闭。

```
#include<stdio.h>
#include<conio.h>
#include<stdlib.h>
#define NAME "C:/data2.txt"          /*用宏定义要打开的文件名*/
int main()
{
    FILE *input;                     /*声明 FILE 结构体指针*/
    errno_t err;
    long curpos;
    int c;
    int result;
    err=fopen_s(&input,NAME,"r");    /*使用 fopen() 函数打开文件*/
    if(err!=0)                       /*判断打开文件是否成功*/
    {
        printf("You don't have the file: %s",NAME);
        _getch();
```

```
        exit(-1);
    }
    printf("Opened the file successfully!\n");      /* 成功地打开了文件 */
    curpos=ftell(input);                  /* 取文本流的当前位置 */
    printf("Current position:%d\n",curpos);          /* 当前位置 */
    fseek(input,6,SEEK_CUR);              /* 将起始位置定位到第 6 个字节的位置 */
    curpos=ftell(input);
    printf("Current position:%d\n",curpos);
    while((c=getc(input))!=EOF)          /* 循环从流中读取字符 */
    {
        putc(c,stdout);                  /* 将读到的字符输出到标准输出 stdout*/
    }
    result=fclose(input);                /* 关闭 input 指向的流 */
    if(result!=0)                        /* 对 fclose() 函数的返回结果进行检测 */
    {
        printf("\nFailure to close the file.");
        exit(-1);                        /* 退出 main() 函数 */
    }
    printf("Closed the file successfully!");
    _getch();
    return 0;
}
```

C 盘中存在文件 data2.txt 时，程序运行结果如图 4-1-5 所示。

图 4-1-5　文件存在时的程序运行结果

C 盘中不存在 data2.txt 时，程序运行结果如图 4-1-6 所示。

图 4-1-6　文件不存在时的程序运行结果

没有进行重定位时，文本流的起始位置为 0，在 C 语言中大部分的计数不是从 1 开始，而是从 0 开始。

一、设计程序

（1）定义一个存放学生信息的结构体 student，结构体内存放的是学生的姓名、学号和平均分；调用 fopen_s( ) 函数，打开文件 "score.txt"（存放于 C 盘根目录下）。

（2）声明 input 指针，用来保存打开的文件；声明 student 结构体数组 people，用于存放 5 个学生的信息；声明字符数组 buffer，用于存放学生姓名；声明用于接受学号的整型变量 number。

（3）程序的重点是读取文件中的内容，分别读取学生姓名、学生学号和学生每门课成绩，并计算出平均分；将学生姓名、学生学号、学生平均分保存在相应的 people 数组中。启用下列五个函数来完成上述任务。

1）memset( ) 函数。该函数常用于为新开辟的内存做初始化，memset( ) 函数在源程序中的语句如下。

```
memset(people,0,sizeof(people));    /* 对 people 进行初始化 */
memset(buffer,0,sizeof(buffer));    /* 初始化 buffer*/
```

2）fgets( ) 函数。该函数从输入流（即输入缓冲区）中读取字符送到字符数组中，字符个数等于数组长度减 1，末尾是 "\0"。fgets( ) 函数用在源程序的关系表达式中时语句如下。

```
while((fgets(buffer,39,input))!=NULL)    /* 给 buffer 赋值 */
```

3）strtok_s( ) 函数。该函数的功能是分割字符串，作用是分割出一个字符串中的单词。在 C 语言中常用于连续调用分解相同源字符串。strtok_s( ) 函数在源程序中的语句如下。

```
tmp=strtok_s(buffer,",",&buf);    /*strtok_s 分割取出学生姓名 */
```

strtok_s( ) 函数表达式中的 3 个参数依次是待分割的字符串、分隔符、指向字符串的指针变量。

4）strcpy_s( ) 函数。该函数是字符串拷贝函数，它在源程序中的语句如下。

```
strcpy_s(people[i].name,16,&tmp);    /* 将姓名赋给 people*/
```

strcpy_s( ) 函数表达式中的 3 个参数依次是目标字符串、目标缓冲区的大小、源字符串。

5）atoi( ) 函数。该函数把字符串转换成整数（int 型），它在源程序中的语句如下。

```
score+=(float)atoi(tmp);     /* 强制转为 float 型，3 科成绩累加 */
```

atoi( ) 函数的头文件是 stdlib.h，其他函数的头文件是 string.h 或 stdio.h。

（4）定义控制变量 i、j 和 k，排序时在循环中使用，将 people 数组中的元素按照 student 结构体里的成员 score 进行排序（控制变量 k 参与的这种排序称为冒泡排序）。

（5）从键盘输入要查询的学生学号，循环地在 people 数组中查找输入的学号。

（6）根据 people[i].score 读取平均分，判断是 A 等还是 B 等奖学金或者没有奖学金。

（7）用 printf( ) 函数输出查找到的信息。

（8）用 fclose( ) 函数关闭文件。

二、编写程序

```c
#include<stdio.h>                    /* 头文件 */
#include<conio.h>
#include<stdlib.h>                   /* 头文件 */
#include<string.h>                   /* 头文件 */
#define NAME "C:/score.txt"
struct student                       /* 定义一个存放学生信息的结构体 struct*/
{
    char name[16];                   /* 学生姓名 */
    int number;                      /* 学生学号 */
    float score;                     /* 学生的平均分 */
};
int main()
{
    FILE *input;
    int number;
    errno_t err;
    int flag=0;                      /* 定义一个是否找到了相应学生的标志 */
    int i=0;
    int j;
    int result;
    struct student people[10];       /* 声明一个存放学生信息的数组 people*/
    char buffer[40];                 /* 声明一个数组 buffer 作为临时存放信息的缓存区 */
    char* buf=(char*)"";             /* 下面 strtok_s() 函数的参数，"(char*)"用于强制
类型转换 */
```

```c
memset(people,0,sizeof(people));          /* 对 people 进行初始化 */
memset(buffer,0,sizeof(buffer));          /* 初始化 buffer*/
err=fopen_s(&input,NAME,"r");             /* 打开文件 */
if(err!=0)
{
    printf("File %s does not exist!\n",NAME);
                                          /* 输出文件不存在信息 */
    exit(-1);
}
printf("Opened the file successfully!\n");    /* 输出打开文件成功信息 */
while((fgets(buffer,39,input))!=NULL)     /* 给 buffer 赋值 */
{
    float score=0;
    char* tmp=(char*)"";
                    /* 定义指针变量 tmp，初值为空，是函数 strcpy_s() 的参数 */
    tmp=strtok_s(buffer,",",&buf);    /* 用 strtok_s() 函数读取学生姓名 */
    if(tmp==NULL)
    {
        break;
    }
    strcpy_s(people[i].name,16,(char*)&tmp);
                                          /* 将姓名赋给 people*/
    tmp=strtok_s(NULL,",",&buf);           /* 读取学生学号 */
    if(tmp==NULL)
    {
        break;
    }
    people[i].number=atoi(tmp);           /* 将学号赋给 people 数组 */
    while((tmp=strtok_s(NULL,",",&buf))!=NULL)
    {
        score+=(float)atoi(tmp);       /* 强制转为 float 型，三科成绩累加 */
    }
    people[i].score=(score/3);            /* 算出平均分 */
    i++;
}
for(j=0;j<i;j++)      /* 将学生平均分按照从高到低的顺序排序 */
{
    int k;
    for(k=j;k<i;k++)
    {
        if(people[j].score<=people[k].score)
```

```
            {
                struct student tmp;
                tmp=people[j];
                people[j]=people[k];
                people[k]=tmp;
            }
        }
    }                                       /* 排序结束 */
    printf("Please input your number:");
    scanf_s("%d",&number);                  /* 输入学号 */
    for(j=0;j<i;j++)
    {
        if(number==people[j].number)        /* 根据学号查找出排位信息 */
        {
            flag=1;
            if(people[j].score>90)
            {
                printf("Your rank is NO.%d\nYour average is:%.2f\nYour\
level:A\n",(j+1),people[j].score);
            }
            else
            if(people[j].score<=90 && people[j].score>80)
            {
                printf("Your rank is NO.%d\nYour average is:%.2f\nYour\
level:B\n",(j+1),people[j].score);
            }
            else
            {
                printf("Your rank is NO.%d\nYour average is:%.2f\
\n",(j+1),people[j].score);
            }
            break;
        }
    }
    if(flag==0)
    {
        printf("Number error or number does not exist!\n");
                                            /* 无效学号 */
    }
    result=fclose(input);                   /* 关闭文件 */
    if(result!=0)
```

```
{
    printf("Close file error!");                    /*关闭失败*/
    exit(-1);
}
printf("Closed the file successfully!");           /*关闭成功*/
_getch();
return 0;
}
```

三、调试运行

在编辑窗口中输入和修改 C 语言源程序，调试运行。输入学号后程序运行结果如图 4-1-7 所示。

图 4-1-7　程序运行结果

小提示

　　fgets( ) 函数只能按照行的方式读取数据，不能按照某些符号来分割读入的内容，这时使用 strtok_s( ) 函数来分割每行中的姓名、学号、数学成绩、语文成绩、英语成绩。

　　在判断输入的学号是不是一个正确的学号时，程序中使用了一个标志位来标示，如果是一个正确的学号，标志位为 1，如果是一个错误的学号，标志位为 0，这种以标志位来判断某些状态的做法在实际应用中也被称为状态机。

任务 2　求水仙花数——实际问题的算法设计

1. 能合理设计算法，应用 C 程序解决实际问题。
2. 掌握现实世界到机器世界的基本抽象思维方法。

春天是鲜花盛开的季节，水仙花是最迷人的鲜花之一。而数学上也有个水仙花数，它是指一个各位数字的立方和等于它本身的整数，例如 $153=1^3+5^3+3^3$。如何找出 1 000 以内的所有水仙花数呢？可以使用穷举法，每个数试一遍，但是人工执行这种做法太耗时也太耗力，而使用 C 语言，把重复性的工作交给计算机来做就简单多了。本任务通过解决水仙花数问题，掌握如何应用 C 语言将复杂问题变简单，培养应用 C 语言整体知识的意识，逐步提高通过编写 C 程序解决实际问题的能力。

本任务的具体要求是编写程序，求出 1 000 以内的所有水仙花数。把 1 000 以内每个 3 位数的个位、十位、百位上的数字计算出来，判断这 3 个数字的立方和是否等于原 3 位数，输出 1 000 以内的所有水仙花数。

一、应用 C 语言设计简单的应用程序系统

在信息化管理的超市里，商品的进、销、存都使用计算机程序来处理，超市的管理人员可随时通过计算机查看商品的出售和库存信息。结算员使用 POS 机扫描每件商品的标码，就会显示商品的数量、金额，如果有打折商品，则显示折后的价格。超市用的这一整套信息管理系统都可以通过 C 语言编程实现。以下示例中的程序就简单模拟了这一系统。

【例 4-2-1】编写一个程序，输入商品编号以及数量，输出消费金额（折后）。

```
#include<stdio.h>
#include<conio.h>
```

```
int main()
{
    int item[10];              /* 以数组下标加 1 为商品编号，数组里存放商品的价格 */
    int i;
    int discount[10]={100,90,85,100,100,100,75,55,100,100};
                               /* 存放每个商品的折扣信息 */
    int quantity;              /* 商品数量 */
    int code=1;                /* 商品编号 */
    int total;                 /* 商品总额 */
    for(i=0;i<10;i++)
    {
        item[i]=(i+1)*100;     /* 假设商品价格为商品编号乘以 100*/
    }
    printf("Please input a code(1-10):");
    scanf_s("%d",&code);
    printf("Please input the quantity:");
    scanf_s("%d",&quantity);
    total=item[code-1]*discount[code-1]/100*quantity;
                               /* 计算商品总额 */
    if(discount[code-1]==100)    /* 无折扣 */
    {
        printf("Total Price:%d\n",total);
    }
    else                        /* 有折扣 */
    {
        printf("Unit Price:%d,Discounted Total Price:%d\n",item[code-1],\
total);
    }
    _getch();
    return 0;
}
```

当输入商品编号 1、商品数量 2 时，程序运行结果如图 4-2-1 所示。

图 4-2-1　程序运行结果

当输入商品编号 3、商品数量 2 时，程序运行结果如图 4-2-2 所示。

图 4-2-2　程序运行结果

本程序需要建立商品编号与商品价格、折扣的索引，有很多种方法可以建立这种索引，为了模拟方便，我们使用了最简单的索引方法，即使用两个数组，数组下标加 1 为商品编号，数组内容分别为单价和折扣。

二、应用 C 语言解决逻辑思维的抽象问题

所有的程序设计语言都提供抽象，抽象的类型和质量直接影响着解决问题的难易，在 C 语言程序设计中，必须按照机器的结构去思考，将实际问题转化成机器世界中的问题并抽象出问题的模型。例如，在屏幕上输出数字 1 099，使用 printf( ) 函数即可，如果分别输出 1 099 的个位、十位、百位、千位上的数，只使用 printf( ) 函数是不够的，还需要对每一位的数取出的过程进行抽象设计，取千位上的数，需要将原始数据除以 1 000 后取整，取百位上的数，需要将原始数据减去千位上的数，然后除以 100 后取整，依此类推即可求出每个位上的数。

【例 4-2-2】编写一个程序，分别在屏幕上显示 1 099 的千位、百位、十位、个位。

计算机本身并不认识阿拉伯数字，在屏幕上看到的数字，在计算机内部其实都是由 1 累加的结果，既然计算机不认识阿拉伯数字，那么自然也不会清楚阿拉伯数字的计数法，这就需要用数学的方法将其抽象拆解，把每种位数按照原始的方式计算出来。

本例的源程序如下。

```
#include<stdio.h>
#include<conio.h>
int main()
{
    int number=1099;
    int units;                              /*个位*/
    int decade;                             /*十位*/
    int hundreds;                           /*百位*/
```

```
    int kilobit;                                            /* 千位 */
    kilobit=number/1000;                                    /* 计算出千位数 */
    hundreds=(number-kilobit*1000)/100;                     /* 计算出百位数 */
    decade=(number-kilobit*1000-hundreds*100)/10;           /* 计算出十位数 */
    units=(number-kilobit*1000-hundreds*100-decade*10);
                                                            /* 计算出个位数 */
    printf("kilobit:%d\nhundreds:%d\ndecade:%d\nunits:%d\n",kilobit,
hundreds,decade,units);
    _getch();
    return 0;
}
```

程序运行结果如图 4-2-3 所示。

图 4-2-3　程序运行结果

三、应用 C 语言解决计算问题

计算器是日常进行数学运算最常用的工具，应用 C 语言可以编写一个简单的计算器程序。

计算器最核心的部分是它的计算方法，简单的运算有加、减、乘、除运算，复杂一点的运算有幂运算、开方运算、三角函数运算等。如果只实现加、减、乘、除运算，可以将这四种运算自定义成 4 个不同的函数；如果需要混合运算，应用函数的组合便能实现。

自定义加、减、乘、除运算函数的语句如下。

```
int add(int number1,int number2)          /* 定义加法函数 */
{
    return(number1+number2);
}
int sub(int number1,int number2)          /* 定义减法函数 */
{
    return(number1-number2);
}
```

```
int mul(int number1,int number2)          /*定义乘法函数*/
{
    return(number1*number2);
}
int div(int number1,int number2)          /*定义除法函数*/
{
    return(number1/number2);
}
```

定义这四个函数后，在 main( ) 函数里调用相应的函数即可实现一个简单的计算器。

【例 4-2-3】编写一个简单的计算器程序，实现两个数的加、减、乘、除运算并显示结果。

```
#include<stdio.h>
#include<conio.h>
int Add(int number1,int number2)      /*定义加法函数*/
{
    return(number1+number2);
}
int Sub(int number1,int number2)      /*定义减法函数*/
{
    return(number1-number2);
}
int Mul(int number1,int number2)      /*定义乘法函数*/
{
    return(number1*number2);
}
int Div(int number1,int number2)      /*定义除法函数*/
{
    return(number1/number2);
}
int main()
{
    int number1;                      /*声明两个待操作数的变量*/
    int number2;
    char operate;                     /*声明操作方式*/
    int result;                       /*声明运算的结果变量*/
    printf("Please input the operating type:\n");
    printf("Operating type:+or-or*or/\n");
    scanf_s("%c",&operate,1); /*从键盘读取操作类型,操作类型必须是加、减、乘、除*/
    printf("Please input the first number:\n");
```

```
    scanf_s("%d",&number1);              /* 从键盘读取两个操作数 */
    printf("Please input the second number:\n");
    scanf_s("%d",&number2);
    switch(operate)
    {
    case '+':                            /* 加法操作 */
        result=Add(number1,number2);
        break;
    case '-':                            /* 减法操作 */
        result=Sub(number1,number2);
        break;
    case '*':                            /* 乘法操作 */
        result=Mul(number1,number2);
        break;
    case '/':                            /* 除法操作 */
        result=Div(number1,number2);
        break;
    default:
        printf("Operting type error!\n");
        break;
    }
    printf("Result:%d\n",result);        /* 显示运算结果 */
    _getch();
    return 0;
}
```

输入"-"号，再输入两个数 20 和 30，程序运行结果如图 4-2-4 所示。

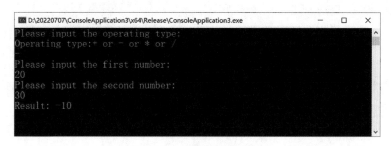

图 4-2-4　程序运行结果

输入"/"号，再输入两个数 10 和 3，程序运行结果如图 4-2-5 所示。

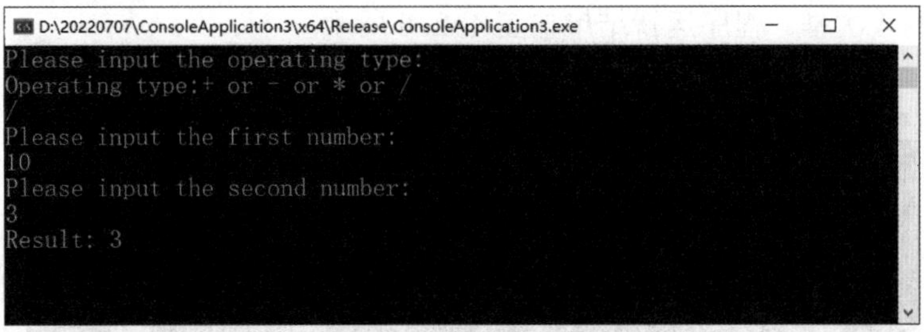

图 4-2-5 程序运行结果

需要注意的是，本例中使用的数值类型均为 int 型，int 型数据在 32 位的系统中最大只能表示 $2^{32}-1$。输入的两个操作数必须小于 2^{32}，4 个函数的运算结果也必须小于 2^{32}。在 C 语言中对于 int 型数值的除法运算取得的值是不带余数的，在 div( ) 函数里除法运算后的结果无论是否整除都将返回一个整数，若取余数必须使用模运算。

四、应用 C 语言化复杂为简单

手动计算 1 ~ 10 各数的 5 次方很容易，计算 10 ~ 100 各数的 5 次方就比较烦琐了，但是用 C 语言计算这类问题都是一样简单的。C 语言本身并不支持幂运算，但是可以将幂运算转换成累乘运算，即使用语句 "number*number*…"，同时在程序中使用循环，从而化复杂为简单。

【例 4-2-4】编写一个程序，输入一个数，计算这个数的 N 次幂。

```c
#include<stdio.h>
#include<conio.h>
int main()
{
    int base;                  /*声明基数变量*/
    int power;                 /*声明幂数变量*/
    int i;
    long int result=1;         /*初始化结果*/
    printf("Please input a base number:\n");
    scanf_s("%d",&base);
    printf("Please input a power number:\n");
    scanf_s("%d",&power);
    for(i=0;i<power;i++)
    {
        result*=base;          /*此处是算法的关键，利用循环，将结果累乘*/
    }
    printf("%d^%d is equal to %d.\n",base,power,result);
    _getch();
    return 0;
}
```

计算 5 的 4 次幂，程序运行结果如图 4-2-6 所示。

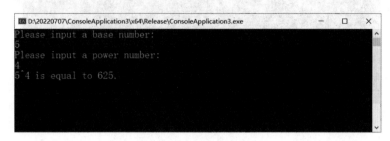

图 4-2-6　程序运行结果

一、设计程序

（1）声明 narcissus、units、decade、hundreds 这 4 个变量，分别表示水仙花数、水仙花数的个位、水仙花数的十位、水仙花数的百位。

（2）将变量 narcissus 从 100 开始循环计算出百位、十位、个位的数值。

（3）判断变量 narcissus 是否符合水仙花数的特征。

（4）输出水仙花数。

二、编写程序

```c
#include<stdio.h>
#include<conio.h>
int main()
{
    int narcissus;
    int units;                          /*个位*/
    int decade;                         /*十位*/
    int hundreds;                       /*百位*/
    for(narcissus=100;narcissus<1000;narcissus++)
    {
        hundreds=narcissus/100;
        decade=(narcissus-hundreds*100)/10;
        units=(narcissus-hundreds*100-decade*10);
        if(narcissus==hundreds*hundreds*hundreds+decade*decade*decade+
units*units*units)                          /* 水仙花数的要求 */
```

```
        {
            printf(" %d\n",narcissus);
        }
    }
    _getch();
    return 0;
}
```

三、调试运行

在编辑窗口中输入和修改 C 语言源程序。调试运行，程序运行结果如图 4-2-7
所示。

图 4-2-7　程序运行结果

 小提示

　　求水仙花数的核心算法是循环地将 100 到 1 000 之间所有数的个
位、十位、百位取出来，然后把三个数的立方和与原数做比较。想
一想，还有哪些问题能用"求水仙花数"的方法来解决？通过互联
网查阅相关资料，了解解决"求水仙花数"这一代表性问题的不同
算法。

任务 3　安排运动员出场顺序——排序算法的应用

学习目标

1. 掌握排序的基本算法。
2. 能运用常用的排序算法编写排序程序。
3. 加深对数组的理解。
4. 提高应用 C 语言解决实际问题的能力。

任务描述

　　无论在运动会赛场，还是在歌唱比赛现场，参赛人员总是按一定顺序出场的。参赛者实力不同，成绩也就不同，但是每名参赛人员的成绩和排名却随时能显示在屏幕上，这是工作人员操作计算机排序的结果。上述排序是现场操作排序，序列比较短，实际工作中更多的是把大量无序记录排列成有序的序列。应用 C 语言编写排序程序，无论数据量有多大，都能让排序工作变得轻松、容易。本任务通过编写安排运动员出场顺序的程序，掌握按指定排序输出数据的方法；结合数组知识加深对数组的理解，熟练利用 C 语言知识分析问题、解决问题；提升应用 C 语言编写综合性程序的能力。

　　本任务的具体要求是编写安排运动员出场顺序的程序，以运动员号的大小表示运动员出场顺序，并输出结果。某项比赛的出场顺序由初赛的成绩来决定，成绩越高出场越早，初赛成绩见表 4-3-1。

表 4-3-1　初赛成绩

运动员号	1	2	3	4	5	6	7	8	9	10
初赛成绩	67	81	72	80	62	92	75	79	88	68

相关知识

　　排序是将一组无序的记录序列调整为有序的记录序列。排序分为内部排序和外部排序。

　　在整个排序过程中不需要访问外存便能完成的排序称为内部排序。若参加排序的记录数量很大，整个序列的排序过程不可能在内存中完成，则称此类排序为外部排序。内部排序的过程是一个逐步扩大记录的有序序列长度的过程。排序算法是一种基本且常用的算法。由于实际工作中处理的数据量巨大，所以排序算法对其本身的复杂度和运行速度要求很高。

一、冒泡排序法

冒泡排序法的基本思想是通过不断对相邻两个数的比较和交换，逐渐使整个数列有序。具体过程是先比较前两个数，并通过交换位置，确保较小的数在前，较大的数在后，此时第二个数一定是前两个数中的较大数；继续比较第二个数和第三个数，同样通过交换，确保这两个数中较小的数在前，较大的数在后，此时第三个数一定是前三个数中的最大数；类似的过程一直进行下去，直到最后一个数是整个数列中的最大数，此时已经确定了最大数在有序数列中的位置；继续针对前面的数列进行上述过程的排序（已找到并确定位置的数不需要参与排序），依次找出整个数列中第二大、第三大的数等，直到最终完成排序。

该方法之所以叫作冒泡排序法，是因为整个排序过程与水中气泡的上浮过程很相似。气泡在上升过程中，由于水的密度比空气大，气泡中的空气不断与气泡上方的水交换位置。类似地，如果将待排序的数列竖直排列，将不同大小的数据元素看作不同密度的气泡，则根据"轻气泡"不能在"重气泡"之下的原则，从下到上扫描数列，凡扫描到违反本原则的"轻气泡"，就使其向上"漂浮"（可以通过数的位置交换来实现），如此反复进行，直至最后任何两个"气泡"都是轻者在上，重者在下为止。

在具体编程时，可以结合循环语句完成上述过程。例如，把 10 个整数按从小到大的顺序排列，可以用二重循环方法实现。将外循环变量设为 i，将内循环变量设为 j。外循环循环 9 次，内循环依次循环 9，8，…，1 次。每次进行比较的两个元素都是与内循环变量 j 有关的，它们可以分别用数组 a[j] 和 a[j+1] 标识，i 的值依次为 1，2，…，9，对于每一个 i，j 的值依次为 1，2，…，10-i。

例如，用冒泡排序法对数列 49，38，65，97，76，13，27 排序，第一次冒泡排序过程如下。

[38 49] 65 97 76 13 27（方括号表示每次比较的两个数及比较结果）

38 [49 65] 97 76 13 27

38 49 [65 97] 76 13 27

38 49 65 [76 97] 13 27

38 49 65 76 [13 97] 27

38 49 65 76 13 [27 97]

第二次冒泡排序过程重复上面的过程，最大数 97 不需再比较，因为它已经是最大数。第二次冒泡排序的结果如下。

38 49 65 13 27 76 97

第三次冒泡排序过程继续重复上述过程，但是不需要比较最后的两个数了。第三次冒泡排序的结果如下。

38 49 13 27 65 76 97

经过 6 次冒泡排序，最终的排序结果如下。

13 27 38 49 65 76 97

【例 4-3-1】编写程序，把一组排序不规则的数 49，38，65，97，76，13，27，用冒泡排序法按从小到大的顺序进行排列。

```c
#include<stdio.h>
#include<conio.h>
int main()
{
int i,j;                            /*声明循环里需要使用的控制变量 */
int temp;                           /*声明用于存放交换时中间值的变量 */
int number[7]={49,38,65,97,76,13,27};  /*定义原始数组 */
i=6;                                /*初始化 i 的值 */
while(i>0)                          /*进行冒泡排序 */
{
    for(j=0;j<i;j++)
    {
        if(number[j]>number[j+1])
        {
            temp=number[j];
            number[j]=number[j+1];
            number[j+1]=temp;
        }
    }
    i--;
}
printf("\n");
for(j=0;j<7;j++)
{
    printf("%d\t",number[j]);
}
    _getch();
    return 0;
}
```

程序运行结果如图 4-3-1 所示。

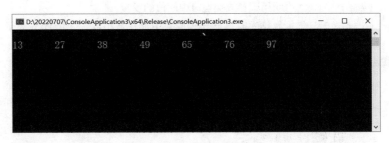

图 4-3-1 程序运行结果

在许多程序设计中，需要对一个数列进行排序，以方便统计，冒泡排序法一直因其简洁的思路而备受青睐。

二、选择排序法

选择排序法的基本思想是从无序数列中选择最小数（或最大数）放在数列最前面，再从剩下的数中选择最小数（或最大数）放在数列第二位，依次类推，得到排序结果。每次找到最小数后，只需将最小数和待放置位置的数做交换即可。

选择排序法的思想比较简单，但在具体编程时，不仅需要记录当前最小数的值，还要随时记录这个最小数的位置或数组下标，以方便之后的交换操作。

例如，用选择排序法对数列 49，38，65，97，76，13，27 排序，其排序过程如下。

第一次排序后　13 [38 65 97 76 49 27]（只将最小数 13 和 49 交换位置）

第二次排序后　13 27 [65 97 76 49 38]（将最小数 27 和 38 交换了位置）

第三次排序后　13 27 38 [97 76 49 65]

第四次排序后　13 27 38 49 [76 97 65]

第五次排序后　13 27 38 49 65 [76 97]

第六次排序后　13 27 38 49 65 76 [97]

选择排序法排序的结果如下。

13 27 38 49 65 76 97

【例 4-3-2】编写程序，用选择排序方法，实现 49，38，65，97，76，13，27 这 7 个数从小到大的排序。

```
#include<stdio.h>
#include<conio.h>
int main()
{
```

```
    int i,j;        /* 声明循环时候需要使用的控制变量 */
    int temp;       /* 声明用于存放交换时中间值的变量 */
    int min;        /* 每次排序时，已比较的数中存在最小数，变量 min 表示这个最小数
的数组下标 */
    int number[7]={49,38,65,97,76,13,27};        /* 定义原始数组 */
    for(i=0;i<6;i++)                             /* 进行选择排序 */
    {
        min=i;
        for(j=i+1;j<7;j++)
        {
            if(number[j]<number[min])
                min=j;
        }
        temp=number[i];
        number[i]=number[min];
        number[min]=temp;
    }
    printf("\n");
    for(i=0;i<7;i++)
    {
        printf("%d\t",number[i]);                /* 输出排序后的结果 */
    }
    _getch();
    return 0;
}
```

程序运行结果如图 4-3-2 所示。

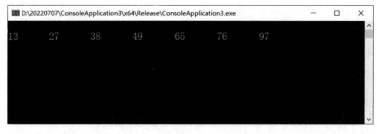

图 4-3-2　程序运行结果

三、插入排序法

插入排序法的基本思想是将一个数插入已排好序的序列，得到一个新的有序序列，上述过程不断进行，有序序列的长度逐渐由小变大，最后整个序列都是有序的。首先序列中第一个数本身就是一个长度为 1 的序列，当然也是排好序的；然后，将第二个

数插入这个序列，并调整位置使得前两个数之间有序；继续将第三个数插入前两个数组成的有序序列，并调整位置使得前三个数之间有序；不断进行类似过程，直到整个序列都变得有序。

对于数组元素排序，插入排序法的特点是每次插入元素后的调整位置都会带来数组中一系列元素的整体移动，而且是先移动后插入。最坏情况是每次插入的位置都位于整个有序序列的前面，这就需要将当前有序序列中的所有元素都向后移动一位。

例如，用插入排序法对数列 49，38，65，97，76，13，27 排序，其排序过程如下。

初始情况	[49] 38 65 97 76 13 27（括号表示当前的有序序列）
第一次插入 38	[38 49] 65 97 76 13 27
第二次插入 65	[38 49 65] 97 76 13 27
第三次插入 97	[38 49 65 97] 76 13 27
第四次插入 76	[38 49 65 76 97] 13 27
第五次插入 13	[13 38 49 65 76 97] 27
第六次插入 27	[13 27 38 49 65 76 97]

该数列的排序结果如下。

13 27 38 49 65 76 97

【例 4-3-3】编写程序，用插入排序法把数列 49，38，65，97，76，13，27 按从小到大的顺序进行排序。

```c
#include<stdio.h>
#include<conio.h>
int main()
{
    int i,j;                          /*声明循环控制变量*/
    int temp;                         /*声明用于临时存放待插入元素的变量*/
    int number[7]={49,38,65,97,76,13,27};  /*定义原始数组*/
    for(i=1;i<7;i++)                  /*进行插入排序*/
    {
        temp=number[i];
        j=i-1;
        while((j>=0)&&(number[j]>temp))
        {
            number[j+1]=number[j];
            j--;
        }
        number[j+1]=temp;
```

```
    }
    printf("\n");
    for(j=0;j<7;j++)
    {
        printf("%d\t",number[j]);                /* 输出排序后的结果 */
    }
    _getch();
    return 0;
}
```

程序运行结果如图 4-3-3 所示。

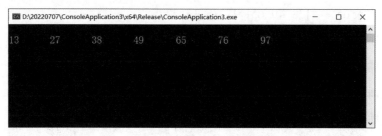

图 4-3-3　程序运行结果

四、快速排序法

快速排序法是目前程序设计中解决问题最快的排序方法之一（视解题的对象而定）。快速排序法的基本思想是在数列中找出比较合适的轴位置，根据各元素与轴元素的大小关系，将数列分成大于轴元素的数和小于轴元素的数两部分，再分别对两部分的数列进行排序，快速排序法效率高低取决于轴位置的选择。

快速排序法的整个过程可以分为两步。首先，将数列中的数重新划分成两部分，即大于轴元素的数和小于轴元素的数，然后递归地计算这两部分数列的排序。排序的关键是第一步，即如何对数列进行划分。

应用快速排序法时，轴元素的设定一般有三种方式，即将数列中最左边、中间和最右边的数设为轴元素。

1. 将数列中最左边的数设为轴元素

例如，用快速排序法按从大到小的顺序对以下数列进行排序，设 49 作为轴元素，具体划分过程如下。

49 38 65 97 76 13 27（用 [ ] 表示已满足划分条件的元素，用下划线表示待处理的元素）

从右侧找到第一个大于轴元素的数 76，括号中均是小于等于轴元素的数，划分情况如下。

<u>49</u> 38 65 97 <u>76</u> [13 27]

将76和左边待处理的数交换位置，括号中的数均已完成划分，划分情况如下。

[76] <u>38</u> 65 97 <u>49</u> [13 27]

从左侧找到第一个小于轴元素的数38，并与右边待处理的数交换位置，划分情况如下。

[76] <u>49</u> 65 <u>97</u> [38 13 27]

继续从右侧寻找第一个大于轴元素的数97，并与左侧待处理的数交换位置，划分情况如下。

[76 97] <u>65</u> <u>49</u> [38 13 27]

此时在左侧已经找不到小于轴元素的数，划分结束，划分结果如下。

[76 97 65] 49 [38 13 27]

【例4-3-4】下列程序的功能是把数列41，24，76，11，45，64，21，69，19，36进行从大到小的排序。阅读体会"将数列中最左边的数设为轴元素"的快速排序法过程，并上机验证运行结果。

```c
#include<stdio.h>
#include<conio.h>
void quicksort(int t[],int l,int r);
int partition(int t[],int l,int r);
int main()
{
    int number[10]={41,24,76,11,45,64,21,69,19,36};
    int i;
    quicksort(number,0,9);
    printf("\n");
    for(i=0;i<=9;i++)
    {
        printf("%d ",number[i]);
    }
    _getch();
    return 0;
}
int partition(int t[],int l,int r)
{
    int i,j,standard;
    i=l;
```

```
        j=r;
        standard=t[l];
        do
        {
            while((i<j)&&(t[j]<=standard))
                j--;         /* 向左找 */
            if(i<j)
                t[i++]=t[j];
            while((i<j)&&(t[i])>=standard)
                i++;         /* 向右找 */
            if(i<j)
                t[j--]=t[i];
        }
        while(i!=j);
        t[i]=standard;
        return i;
}
void quicksort(int t[],int l,int r)
{
    int i;
    if(l<r)
    {
        i=partition(t,l,r);
        quicksort(t,l,i-1);
        quicksort(t,i+1,r);
    }
}
```

程序中，主函数调用了 quicksort( ) 函数，quicksort( ) 函数除了自调用还调用了 partition( ) 函数（嵌套调用）。程序运行结果如图 4-3-4 所示。

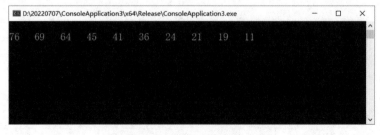

图 4-3-4　程序运行结果

2. 将数列中间的数设为轴元素

快速排序法的第二种方法是将数列中间的数设为轴元素，以这个值作为基准进行比较，这可以提高快速排序法的效率。具体方法是先将中间的数与最左侧的数交换位置，之后的过程与轴元素在最左侧时的情况相同。

【例 4-3-5】下列程序的功能是对数列 41，24，76，11，45，64，21，69，19，36 进行排序。阅读体会"将数列中间的数设为轴元素"的快速排序法过程，并上机验证运行结果。

```c
#include<stdio.h>
#include<conio.h>
void quicksort(int t[],int l,int r);
int main()
{
    int number[10]={41,24,76,11,45,64,21,69,19,36};
    int i;
    quicksort(number,0,9);
    printf("\n");
    for(i=0;i<=9;i++)
    {
        printf("%d    ",number[i]);
    }
    _getch();
    return 0;
}
int partition(int t[],int l,int r)
{
    int i,j,standard,temp;
    i=l;
    j=r;
    standard=t[(l+r)/2];
    temp=t[l];
    t[l]=standard;
    standard=temp;
    do
    {
        while((i<j)&&(t[j]<=standard))
            j--;            /*向左找*/
        if(i<j)
            t[i++]=t[j];
        while((i<j)&&(t[i])>=standard)
            i++;            /*向右找*/
        if(i<j)
            t[j--]=t[i];
```

```
    }
    while(i!=j);
        t[i]=standard;
        return i;
}
void quicksort(int t[],int l,int r)
{
    int i;
    if(l<r)
    {
        i=partition(t,l,r);
        quicksort(t,l,i-1);
        quicksort(t,i+1,r);
    }
}
```

程序运行结果如图 4-3-5 所示。

图 4-3-5　程序运行结果

3. 将数列中最右边的数设为轴元素

快速排序法的第三种方法是以数列中最右边的数为轴元素作比较标准，将整个数列分为两部分，第一部分是小于最右边的数，第二部分是大于最右边的数。

【例 4-3-6】下列程序的功能是对数列 41，24，76，11，45，64，21，69，19，36 进行排序。阅读体会"将数列中最右边的数设为轴元素"的快速排序法过程，并上机验证运行结果。

```
#include<stdio.h>
#include<conio.h>
void quicksort(int t[],int l,int r);
int main()
{
    int number[10]={41,24,76,11,45,64,21,69,19,36};
    int i;
```

```
    quicksort(number,0,9);
    printf("\n");
    for(i=0;i<=9;i++)
    {
        printf("%d ",number[i]);
    }
    _getch();
    return 0;
}
int partition(int t[],int l,int r)
{
    int i,j,standard,temp;
    i=l;
    j=r;
    standard=t[r];
    temp=t[l];
    t[l]=standard;
    standard=temp;
    do
    {
        while((i<j)&&(t[j]<=standard))
            j--;                /*向左找*/
        if(i<j)
        t[i++]=t[j];
        while((i<j)&&(t[i])>=standard)
            i++;                /*向右找*/
        if(i<j)
        t[j--]=t[i];
    }
    while(i!=j);
    t[i]=standard;
    return i;
}
void quicksort(int t[],int l,int r)
{
    int i;
    if(l<r)
    {
        i=partition(t,l,r);
        quicksort(t,l,i-1);
        quicksort(t,i+1,r);
    }
}
```

程序运行结果如图 4-3-6 所示。

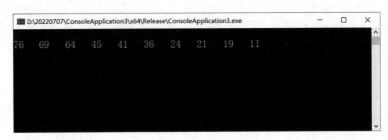

图 4-3-6　程序运行结果

一、设计程序

（1）定义结构体 Player，结构体的成员变量 number 代表运动员号，score 代表初赛成绩。

（2）声明 i、j 变量，在排序时当作循环变量使用。

（3）声明 Player 结构体变量 temp，用作插入排序法中的临时变量。

（4）按照 Player 结构体里的 score 成员的数值大小进行插入排序。

（5）输出出场顺序。

二、编写程序

```
#include<stdio.h>
#include<conio.h>
struct Player
{
    int number;
    int score;
};     /*定义表示运动员信息的结构体，number 代表运动员号，score 代表预赛成绩 */
int main()
{
    int i,j;
    struct Player temp;
    struct Player player[10]={{1,67},{2,81},{3,72},{4,80},{5,62},{6,92},{7,75},{8,79},{9,88},{10,68}};
```

```
for(i=1;i<10;i++)
{
    temp=player[i];
    j=i-1;
    while((j>=0)&&(player[j].score<temp.score))
    {
        player[j+1]=player[j];
        j--;
    }
    player[j+1]=temp;
}
printf("Score :");
for(j=0;j<10;j++)
{
    printf("%d    ",player[j].score);
}
printf("\n");
printf("Order :1    2    3    4    5    6    7    8    9    10\n");
printf("Number:");
for(j=0;j<10;j++)
{
    printf("%d    ",player[j].number);
}
_getch();
return 0;
}
```

三、调试运行

在编辑窗口中输入和修改 C 语言源程序。调试运行，程序运行结果如图 4-3-7 所示。

图 4-3-7 程序运行结果

小提示

对数据进行排序的方法有多种，如何选择排序方法，要根据问题的具体要求而定。

排序操作是让数列从无序变为有序，或者由原来的排序方式变为新的排序方式。除此以外，排序更是一种编写程序的思维方式，它以巧妙的排序过程实现程序的最终功能。

任务4 解决猴子吃桃问题——递归算法的应用

1. 能正确运用递归算法编写程序。
2. 能使用不同的算法解决同一问题。
3. 加深对C语言知识的理解和综合应用。

一只勤劳的猴子摘了很多桃子，当天，它吃了其中的一半桃子，觉得不过瘾，又多吃了一个桃子。第二天，它又吃了剩下的一半桃子，还是觉得不过瘾，又多吃了一个桃子。在以后的日子里，它每天都吃掉前一天剩下桃子的一半加一个。到了第10天，只剩下了一个桃子。那么猴子一共摘了多少个桃子呢？解决这一经典问题虽然有其他方法，但是用C语言编写程序会很容易得到答案。运行在计算机中大大小小的程序，其本质就是合理的"数据结构＋高效的算法＋健壮的代码"。其中数据结构是计算机存储、组织数据的方式；算法是程序的核心，指定了程序的运行步骤；代码是算法里的步骤和数据结构的实现。本任务通过解决猴子吃桃问题，介绍如何应用递归函数编写程序，解决递归类的问题，通过对递归算法与循环算法的比较，加深对C语言算法的理解，掌握算法的应用。

本任务的具体要求是先应用递归函数编写程序，计算猴子一共摘了多少个桃子，再用循环结构编写程序，计算猴子一共摘了多少个桃子。比较两种方法的异同，体会如何使用不同的算法解决同一问题。

相关知识

一、递归算法

递归算法是C程序设计时经常用到的算法，也是循环的另一种表现形式。C程序中的递归指一个过程或函数在其定义或说明中直接或间接调用自身，它通常把一个大型、复杂的问题层层转化为一个与原问题相似的规模较小的问题来求解。递归算法是函数一次次地自我调用，最后完成求解的过程。这个过程有一个特点，即调用的函数都是相同的，只是里面的参数有所不同，调用到某一个阶段以后，会有一个常量值，使函数得到的结果不再是一个变量，而是具体的数值。

【例4-4-1】编写程序，利用递归，把数字作为字符串在屏幕上输出。

在计算机里，数字实际上是逆序生成的，也就是说低位的数字先于高位的数字生成，但是显示时却是按正序显示出来，例如数字12345生成时是首先生成5，然后依次生成4，3，2，1，但是计算机在显示时却是先显示1，然后依次显示2，3，4，5，最终得到应有的结果。本例程序就实现了这一过程。

本例的源程序如下。

```c
#include<stdio.h>
#include<conio.h>
void printnumber(int number)      /* 定义递归打印字符的函数 */
{
    if(number<0)                  /* 如果是负数则打印负号 */
    {
        putchar('-');
        number=-number;           /* 将负数变为正数，因为已经打印了负号 */
    }
    if((number/10)!=0)            /* 递归过程 */
    {
        printnumber(number/10);
    }
```

```
    putchar(number%10+'0');      /*由于 int 和 char 可以互相转换，所以将 int 转
为 char*/
    }
    int main()
    {
        printnumber(23452);          /*调用递归函数 */
        putchar('\n');
        _getch();
        return 0;
    }
```

程序运行结果如图 4-4-1 所示。

图 4-4-1　程序运行结果

本程序调用 pirntnumber( ) 函数时，第一次调用的参数是 23452，执行函数功能后
再把 2345 作为参数传递给 printnumber( ) 函数的第二次调用，后者把 234 作为参数传递
给 printnumber( ) 函数的第三次调用，在第三次调用中把 23 作为参数传递给第四次调
用，第四次调用中把 2 作为参数传递给第五次调用，在第五次调用中输出 2，返回至第
四次调用，输出 3，返回至第三次调用，输出 4，返回至第二次调用，输出 5，返回至
第一次调用，输出 2 后结束函数的执行。

二、递归算法和循环算法的区别

递归算法与循环算法的设计思路是有所区别的。

只有当一个函数存在预期的收敛效果时，采用递归算法才是可行的，即调用递归
函数求解时一定要有递归结束的条件作出口。递归算法的优点是易理解、易编程，程
序员只要得到数学公式就能很方便地编写程序。递归算法其实是方便了程序员，但难
为了机器。递归算法是用栈机制实现的，每深入一层，都要占去一块栈数据区域，对
嵌套层数较大的算法，递归算法会力不从心，空间上会以内存崩溃而告终；而且递归
算法带来了大量的函数调用，还会占用许多额外时间。

　　循环算法是重复执行某些语句，为了循环最终能够结束，每执行一次循环体，表达式的值都应该有所变化，这一变化既可以在表达式中实现，也可以在循环体中实现。循环算法的优点是效率高，运行时间只因循环次数增加而增加，没有额外的时间成本消耗，空间上也没有增加，缺点是不容易理解，难以用于编写复杂程序。

　　递归算法和循环算法都是"循环执行"控制程序流程，如何选择取决于使用者和程序的需要。

　　【例 4-4-2】应用循环结构编写程序，求 n 的阶乘 $n!$（$n<10$），并输出 $n=5$ 时的结果。

```c
#include<stdio.h>
#include<conio.h>
int main()
{
    long index;
    int number;
    number=1;
    int limit;
    printf("Please input a number within limit(a number<10):\n");
    scanf_s("%ld",&limit);
    for(index=1;index<=limit;index++)
    {
        number=number*index;
    }
    printf("%ld\n",number);
    _getch();
    return 0;
}
```

　　调试并运行该程序后，输入 5，程序运行结果如图 4-4-2 所示。

图 4-4-2　程序运行结果

一、设计程序

应用递归函数编写程序的思路如下。

（1）定义递归用的函数 function( )，该函数返回的值是第 day 天开始时剩下的桃子数，根据第 day+1 天剩下的桃子数求第 day 天剩下的桃子数。

（2）在 main( ) 函数中定义变量 count，它用来存放猴子总共摘得的桃子数。

（3）调用 function( ) 函数进行递归运算。

（4）输出桃子总数。

二、编写程序

```
#include<stdio.h>
#include<conio.h>
int function(int day)                /*定义 function() 函数，用来递归使用 */
{
    if(day==10)                      /* 当第十天的时候返回 1*/
    {
        return 1;
    }
    else      /* 如果不是第十天则根据第 day+1 天剩下的桃子数计算第 day 剩下的桃子数
并返回 */
    {
        return(function(day+1)+1)*2;
    }
}
int main()
{
    int count;                       /*定义用于存放猴子摘的桃子数的变量 */
    count=function(1);               /* 开始递归 */
    printf("count=%d\n",count);      /* 输出桃子总数 */
    _getch();
    return 0;
}
```

三、调试运行

在编辑窗口中输入和修改C语言源程序。调试运行，程序运行结果如图4-4-3所示。

图4-4-3　程序运行结果

以上利用递归算法求桃子数是按照顺序，从第一天开始依次递归直到第十天。如果利用循环算法求桃子数，要采用逆推的方式，由于第十天只剩下了一个桃子，所以从第九天开始桃子数每天都是递增的。

应用循环结构编写程序，计算猴子一共摘了多少个桃子的源程序如下，读者可对比两个程序，体会递归与循环的异同。

```c
#include<stdio.h>
#include<conio.h>
int main(int argc,char **argv)
{
    int count;                /* 定义猴子摘的桃子总数变量 count*/
    int day;                  /* 定义天数变量 day*/
    count=1;                  /* 赋值为第十天剩下的桃子数 */
    for(day=9;day>=1;day--)   /* 从第 9 天开始循环计算当天所剩的桃子数 */
    {
        count=(count+1)*2;    /*count 始终为当天的桃子总数，直到第一天为止 */
    }
    printf("count=%d\n",count);    /* 输出桃子总数 */
    _getch();
    return 0;
}
```

程序运行结果如图4-4-4所示。

图 4-4-4　程序运行结果

 小提示

　　1. 有许多实际问题用递归算法编程求解，能使编程思路和过程更加清晰。

　　2. 用 C 语言编写程序解决实际问题时，如果有几种可行算法，一定要选择其中最佳算法编写程序，使程序达到最佳质量。

附录

附录 1　C 语言常见错误解析

　　C 语言是结构化程序设计语言，拥有丰富的运算符和数据类型，并且具有与内存系统对应的指针处理方式，可以直接处理内存中各种类型的数据。初学者往往不理解 C 语言的这些特点，在编译中容易误解或者产生错误。

　　C 语言中出现的错误一般分为三类：语法错误、逻辑错误和运行错误。语法错误是指违背了 C 语言的语法规定，出现这类错误时，编译程序一般会给出提示信息，往往在修改过第一个错误后，其余的很多错误也会自动消失。逻辑错误又称语义错误，它和实现程序的逻辑功能有关，编译程序一般无法发现。有时程序既没有语法错误也没有逻辑错误，这时就要考虑运行错误。

　　这里简要列举几种初学者在编写程序过程中常会出现的错误。

一、没有区分字母的大小写

典型错误	修改方案
`#include<stdio.h>`	`#include<stdio.h>`
`int main()`	`int main()`
`{`	`{`
`    int a=5;`	`    int a=5;`
`    printf("%d",A);`	`    printf("%d",a);`
`}`	`}`
程序运行结果：编译过程中报错	程序运行结果：5

问题分析

　　C 语言认为大写字母和小写字母是两个不同的字符。编译程序把 a 和 A 认为是两个不同的变量名，错误程序中只定义了变量 a，但 printf( ) 函数中使用了未定义的变量 A，因此显示出错信息。习惯上，符号常量名用大写表示，变量名用小写表示，以增加可读性。

此外还需要注意的是，输入代码过程中（如输入函数名时），某些编程工具可能会自动将行首的字母变为大写，从而造成错误，编写程序过程中应特别注意

二、忽略了变量类型

典型错误	修改方案

```#include<stdio.h>```
 ```int main()/*求余数*/```
 ```{```
 ```   float a=5,b=3;```
 ```   printf("%d",a%b);```
 ```}```
 程序运行结果：编译过程中报错
	```#include<stdio.h>```
	 ```int main()/*求余数*/```
	 ```{```
	 ``` int a=5,b=3;```
	 ``` printf("%d",a%b);```
	 ```}```
	 程序运行结果：2

问题分析

运算符 "%" 是求余运算，表达式 "a%b" 的功能是得到 a/b 的整余数。整型变量可以进行求余运算，而实型变量则不允许进行求余运算

三、混淆了字符型常量与字符串常量

典型错误	修改方案

```#include<stdio.h>```
 ```int main()```
 ```{```
 ```   char c;```
 ```   c="a";```
 ```...```
 ```}```
	```#include<stdio.h>```
	 ```int main()```
	 ```{```
	 ``` char c;```
	 ``` c='a';```
	 ```...```
	 ```}```

问题分析

这里的错误是混淆了字符型常量与字符串常量，字符型常量是由一对单引号括起来的单个字符，字符串常量是一对双引号括起来的字符序列。C 语言规定以 "\0" 做字符串结束标志，它是由系统自动加上的，所以字符串 a 实际上包含 "a" 和 "\0" 两个字符，把它赋给一个字符型变量是错误的。

四、switch 语句中漏写 break 语句

典型错误	修改方案
switch(grade)/*根据考试成绩的等级输出百分制数的成绩段。*/	switch(grade)/*根据考试成绩的等级输出百分制数的成绩段。*/

典型错误

```
switch(grade)/*根据考试成绩的等级输
出百分制数的成绩段。*/
{
    case 'A':
    printf("85~100\n");
    case 'B':
    printf("70~84\n");
    case 'C':
    printf("60~69\n");
    case 'D':
    printf("<60\n");
    default:
    printf("error\n");
}
```

修改方案

```
switch(grade)/*根据考试成绩的等级输
出百分制数的成绩段。*/
{
    case 'A':
        printf("85~100\n");
        break;
    case 'B':
        printf("70~84\n");
        break;
    case 'C':
        printf("60~69\n");
        break;
    case 'D':
        printf("<60\n");
        break;
    default:
        printf("error\n");
        break;
}
```

问题分析

由于漏写了"break;"语句，"case"语句只起标号的作用，而不起判断作用。因此，当 grade 值为 A 时，printf( ) 函数在执行完第一个语句后接着执行第二、三、四、五个 printf( ) 函数语句。正确写法是在每个分支后加上"break;"语句

五、没有考虑 while 和 do-while 语句的区别

典型错误

```
#include<stdio.h>
#include<conio.h>
int main()/*输入一个正整数n，求数列
n，n+1，n+2，…，10 的和，若n>10，则显
示 0*/
    {
```

修改方案

```
#include<stdio.h>
#include<conio.h>
int main()/*输入一个正整数n，求数列
n，n+1，n+2，…，10 的和，若n>10，则显
示 0*/
    {
```

续表

``c
int a=0,I;
scanf_s("%d",&I);
do
{
a=a+I;
I++;
}
while(I<=10);
printf("%d",a);
_getch();
return 0;
}
``
程序运行结果：
	``c
	int a=0,I;
	scanf_s("%d",&I);
	while(I<=10)
	{
	    a=a+I;
	    I++;
	}
	printf("%d",a);
	_getch();
	return 0;
	}
	``
	程序运行结果：

问题分析

while 语句和 do-while 语句的区别是，while 语句"先判断，后执行"，do-while 语句"先执行，后判断"，故使用 do-while 语句编写此程序时，在判断输入的 I 是否大于 10 之前，已将其值赋给 a，故无法实现 I 大于 10 时输出 a 的初始值 0 的目的。此程序可采用"先判断，后执行"的 while 语句编写

六、不写头文件

典型错误	修改方案

``c
int main()
{
    char ch1,ch2;
    ch1='B';
    ch2=ch1+32;
    printf("%c,%c\n",ch1,ch2);
}
``
	``c
	#include<stdio.h>
	int main()
	{
	    char ch1,ch2;
	    ch1='B';
	    ch2=ch1+32;
	    printf("%c,%c\n",ch1,ch2);
	}
	``

程序运行结果：在 Visual Studio 2022 中编译时报错	程序运行结果：B，b

续表

问题分析

使用库函数时，应使用 include 预处理命令指定相应的头文件。在早期流行的 Turbo C 软件中，如果程序里只有 scanf（scanf_s）（）或 printf（）函数，省略头文件"#include<stdio.h>"有时程序也可以运行，但这是不规范的，也是非常不好的编程习惯。使用 Visual Studio 等较新的软件时，则必须使用 include 命令指定头文件，否则不能运行

七、数据类型不一致

典型错误	修改方案
```c\n#include<stdio.h>\n#include<conio.h>\nint main()\n{\n int a;\n double b=1;\n for(a=1;a<=6;a++)\n b*=a;\n printf("%ld",b);\n _getch();\n}\n```	```c\n#include<stdio.h>\n#include<conio.h>\nint main()\n{\n int a;\n long b=1;/*把b定义为长整型long*/\n for(a=1;a<=6;a++)\n b*=a;\n printf("%ld",b);\n _getch();\n}\n```
程序运行结果：0	程序运行结果：720

问题分析

程序中定义 b 为双精度浮点型变量，而输出使用"%ld"，即长整型数据，由于二者数据类型不一致，导致输出结果为 0

八、没理解 C 语言中除法的运算原则

典型错误	修改方案
```c\n#include<stdio.h>\n#include<conio.h>\nint main()\n{\n printf("Please input the\nFahrenheit temperature:\n");\n float a,c;\n```	```c\n#include<stdio.h>\n#include<conio.h>\nint main()\n{\n printf("Please input the\nFahrenheit temperature:\n");\n float a,c;\n```

续表

```c scanf_s("%f",&a); c=5/9*(a-32); printf("The Celsius temperature is:%4.2f",c); _getch(); return 0; } ```	```c scanf_s("%f",&a); c=5.0/9.0*(a-32);/*明确相除的两数的类型 */ printf("The Celsius temperature is:%4.2f",c); _getch(); return 0; } ```
程序运行结果：	程序运行结果：
Please input the Fahrenheit temperature: 200.5 The Celsius temperature is: 0.00	Please input the Fahrenheit temperature: 200.5 The Celsius temperature is: 93.61

问题分析

C 语言中，两个整型数据相除，如果不能除尽，那么小数部分会直接被丢弃，即"截尾"。因此表达式"5/9"的结果是 0。在程序中应该合理使用类型转换，或者明确相除的两数的类型，例如以下语句均可使程序正确运行

（1）c=(float)5/9*(a-32);

（2）c=5.0/9*(a-32);

（3）c=5.0/9.0*(a-32);

九、语句末尾没写分号

典型错误	修改方案
```c #include<stdio.h> int main() { float r,s printf(" ") scanf_s("%f",&r) s=3.14*r*r printf("%4.2f\n",s) _getch(); } ```	```c #include<stdio.h> int main() { float r,s; printf(" "); scanf_s("%f",&r); s=3.14*r*r; printf("%4.2f\n",s); _getch(); } ```

问题分析

分号是 C 语言程序中不可缺少的一部分，语句末尾必须有分号。编译时，编译程序在"float r, s"后面没发现分号，就把下一行"printf(" ")"也作为上一行语句的一部分，这就会出现语法错误。改错时，有时在被指出有错的一行中未发现错误，就需要看上一行是否漏掉了分号

十、误用 scanf_s( ) 函数格式控制

典型错误	修改方案
| ```c
#include<stdio.h>
#include<conio.h>
int main()/*从键盘上输入 3 个小数, 以逗号隔开, 输出它们的和 */
{
    float a,b,c;
    printf(" ");
    scanf_s("%f %f %f",&a,&b,&c);
    printf(" ",a+b+c);
    _getch();
    return 0;
}
``` | ```c
#include<stdio.h>
#include<conio.h>
int main()/*从键盘上输入 3 个小数, 以逗号隔开, 输出它们的和 */
{
    float a,b,c;
    printf(" ");
    scanf_s("%f,%f,%f",&a,&b,&c);
    printf("%f",a+b+c);
    _getch();
    return 0;
}
``` |
| 程序运行结果: | 程序运行结果: |
| ```
1.1,2.2,3.3
-214748352.000000
``` | ```
1.1,2.2,3.3
6.600000
``` |

问题分析

scanf_s( ) 函数允许把普通字符放在格式字符串中。除了空格字符以外的普通字符一定要与输入串准确匹配, 如果不能精确匹配, 则 scanf_s( ) 函数的读取将失败。错误示例中将 scanf_s( ) 函数的参数设为 "%f %f %f", 则输入的数据间应使用空格隔开, 使用逗号隔开就会出现错误

十一、scanf_s( ) 函数参数错误

典型错误	修改方案
| ```c
#include<stdio.h>
#include<conio.h>
int main()
{
    char str[80];
    printf("Please enter your first name:");
    scanf_s("%s",&str,80);
    printf("Hello %s! \n",str);
    _getch();
``` | ```c
#include<stdio.h>
#include<conio.h>
int main()
{
    char str[80];
    printf("Please enter your first name:");
    scanf_s("%s",str,80);
    printf("Hello %s!\n",str);
    _getch();
``` |

续表

``   return 0;
}
`` 程序运行结果：编译过程中报错	``` return 0;
}
`` 程序运行结果： Please enter your first name: Tony Hello Tony!

问题分析

scanf_s( ) 函数中，读取 int、long、float、double、char 等类型的数据时，需要在数据参数前加上取地址符号 "&"，因为 scanf_s( ) 函数里，数据参数是变量的地址，而不是变量本身。例如，使用定义语句 "int num;" 后，则应使用语句 "scanf_s("%d", &num);" 读取变量 num；而读取字符串不需要加上 "&"，因为字符串的变量名本身就代表了地址。所以错误程序中的语句 "scanf_s("%s", &str, 80);" 应为 "scanf_s("%s", str, 80);"。

scanf_s( ) 函数中，读取 char, str 类型的数据时，需要在数据参数后加上变量的长度（占用的字节数）

十二、输入变量时忘记加地址运算符 "&"

典型错误	修改方案
``
#include<stdio.h>
#include<conio.h>
int main()
{
    float c,f;
    printf("Please input the Fahrenheit temperature:\n");
    scanf_s("%f",f);
    c=(5.0/9.0)*(f-32);
    printf("The Celsius temperature is:%5.2f\n",c);
    _getch();
    return 0;
}
``` 程序运行结果：编译过程中报错 | ```
#include<stdio.h>
#include<conio.h>
int main()
{
    float c,f;
    printf("Please input the Fahrenheit temperature:\n");
    scanf_s("%f",&f);
    c=(5.0/9.0)*(f-32);
    printf("The Celsius temperature is:%5.2f\n",c);
    _getch();
    return 0;
}
``` 程序运行结果：<br><br>Please input the Fahrenheit temperature:<br>100<br>The Celsius temperature is: 37.78 |

问题分析

scanf_s( ) 函数中要求给出变量地址，如给出变量名则会出错。程序中语句 "scanf_s("%f", f);" 是非法的，应改为 "scanf_s("%f", &f);"

附录 2　C 语言中的运算符及其优先级表

优先级	运算符	名称或含义	使用形式	结合性	说明
1	[ ]	数组下标	数组名 [常量表达式]	左结合性	—
	( )	圆括号	(表达式)/ 函数名 (形参表)		—
	.	成员选择（对象）	对象名 . 成员名		—
	->	成员选择（指针）	对象指针 -> 成员名		—
2	–	负号运算符	– 表达式	右结合性	单目运算符
	（类型）	强制类型转换	(数据类型) 表达式		—
	++	自增运算符	++ 变量名 / 变量名 ++		单目运算符
	––	自减运算符	–– 变量名 / 变量名 ––		单目运算符
	*	取值运算符	*指针变量名		单目运算符
	&	取地址运算符	& 变量名		单目运算符
	!	逻辑非运算符	!表达式		单目运算符
	~	按位取反运算符	~表达式		单目运算符
	sizeof	长度运算符	sizeof(表达式)		—
3	/	除	表达式 / 表达式	左结合性	双目运算符
	*	乘	表达式 * 表达式		双目运算符
	%	求余 (模)	整型表达式 / 整型表达式		双目运算符
4	+	加	表达式 + 表达式	左结合性	双目运算符
	–	减	表达式 – 表达式		双目运算符
5	<<	左移	变量名 << 表达式	左结合性	双目运算符
	>>	右移	变量名 >> 表达式		双目运算符
6	>	大于	表达式 > 表达式	左结合性	双目运算符
	>=	大于等于	表达式 >= 表达式		双目运算符
	<	小于	表达式 < 表达式		双目运算符
	<=	小于等于	表达式 <= 表达式		双目运算符
7	==	等于	表达式 == 表达式	左结合性	双目运算符
	!=	不等于	表达式 != 表达式		双目运算符
8	&	按位与	表达式 & 表达式	左结合性	双目运算符
9	^	按位异或	表达式 ^ 表达式	左结合性	双目运算符

续表

优先级	运算符	名称或含义	使用形式	结合性	说明
10	|	按位或	表达式 | 表达式	左结合性	双目运算符
11	&&	逻辑与	表达式 && 表达式	左结合性	双目运算符
12	||	逻辑或	表达式 || 表达式	左结合性	双目运算符
13	?:	条件运算符	表达式 1? 表达式 2: 表达式 3	右结合性	三目运算符
14	=	赋值运算符	变量名 = 表达式	右结合性	—
	/=	除后赋值	变量名 /= 表达式		—
	*=	乘后赋值	变量名 *= 表达式		—
	%=	求余后赋值	变量名 %= 表达式		—
	+=	加后赋值	变量名 += 表达式		—
	−=	减后赋值	变量名 −= 表达式		—
	<<=	左移后赋值	变量名 <<= 表达式		—
	>>=	右移后赋值	变量名 >>= 表达式		—
	&=	按位与后赋值	变量名 &= 表达式		—
	^=	按位异或后赋值	变量名 ^= 表达式		—
	|=	按位或后赋值	变量名 |= 表达式		—
15	,	逗号运算符	表达式 , 表达式 ,…	左结合性	从左向右顺序运算

附录 3　ASCII 码表

　　信息在计算机上是用二进制表示的，直接阅读起来很困难，因此计算机上都配有输入和输出设备，这些设备的主要目的就是以一种人类可阅读的形式将信息在这些设备上显示出来，供人阅读理解。为保证人类和设备、设备和设备之间能进行正确的信息交换，人们编制了统一的信息交换代码，这就是 ASCII 码，它的全称是美国信息交换标准代码，ASCII 码见下表。

ASCII 码

八进制	十六进制	十进制	字符	八进制	十六进制	十进制	字符
00	00	0	NUL 空	20	10	16	DLE，数据链路转义
01	01	1	SOH 标题开始	21	11	17	DC1 设备控制 1
02	02	2	STX 正文开始	22	12	18	DC2 设备控制 2
03	03	3	ETX 正文结束	23	13	19	DC3 设备控制 3
04	04	4	EOT 传输结束	24	14	20	DC4 设备控制 4
05	05	5	ENQ 请求	25	15	21	NAK 拒绝接收
06	06	6	ACK 收到通知	26	16	22	SYN 同步空闲
07	07	7	BEL 响铃	27	17	23	ETB 传输块结束
10	08	8	BS 退格	30	18	24	CAN 取消
11	09	9	HT 水平制表符	31	19	25	EM 介质中断
12	0a	10	LF 换行键	32	1a	26	SUB 替补
13	0b	11	VT 垂直制表符	33	1b	27	ESC 溢出
14	0c	12	FF 换页键	34	1c	28	FS 文件分隔符
15	0d	13	CR 回车键	35	1d	29	GS 分组符
16	0e	14	SO 不用切换	36	1e	30	RS 记录分离符
17	0f	15	SI 启用切换	37	1f	31	US 单元分割符

续表

八进制	十六进制	十进制	字符	八进制	十六进制	十进制	字符
40	20	32	（空格）	100	40	64	@
41	21	33	!	101	41	65	A
42	22	34	"	102	42	66	B
43	23	35	#	103	43	67	C
44	24	36	$	104	44	68	D
45	25	37	%	105	45	69	E
46	26	38	&	106	46	70	F
47	27	39	'	107	47	71	G
50	28	40	(	110	48	72	H
51	29	41	)	111	49	73	I
52	2a	42	*	112	4a	74	J
53	2b	43	+	113	4b	75	K
54	2c	44	,	114	4c	76	L
55	2d	45	−	115	4d	77	M
56	2e	46	.	116	4e	78	N
57	2f	47	/	117	4f	79	O
60	30	48	0	120	50	80	P
61	31	49	1	121	51	81	Q
62	32	50	2	122	52	82	R
63	33	51	3	123	53	83	S
64	34	52	4	124	54	84	T
65	35	53	5	125	55	85	U
66	36	54	6	126	56	86	V
67	37	55	7	127	57	87	W
70	38	56	8	130	58	88	X
71	39	57	9	131	59	89	Y
72	3a	58	:	132	5a	90	Z
73	3b	59	;	133	5b	91	[
74	3c	60	<	134	5c	92	\
75	3d	61	=	135	5d	93	]
76	3e	62	>	136	5e	94	^
77	3f	63	?	137	5f	95	_

续表

八进制	十六进制	十进制	字符	八进制	十六进制	十进制	字符
140	60	96	`	160	70	112	p
141	61	97	a	161	71	113	q
142	62	98	b	162	72	114	r
143	63	99	c	163	73	115	s
144	64	100	d	164	74	116	t
145	65	101	e	165	75	117	u
146	66	102	f	166	76	118	v
147	67	103	g	167	77	119	w
150	68	104	h	170	78	120	x
151	69	105	i	171	79	121	y
152	6a	106	j	172	7a	122	z
153	6b	107	k	173	7b	123	{
154	6c	108	l	174	7c	124		
155	6d	109	m	175	7d	125	}
156	6e	110	n	176	7e	126	~
157	6f	111	o	177	7f	127	del

注：ASCII 码 0~31（十进制）为 32 个控制字符。